学前教育专业新形态系列教材

幼儿行为观察与分析案例教程

第2版 慕课版

刘芳 于志浩 张潺 ◎ 主编

李仙 郭胜男 申亚楠 孙丽 ◎ 副主编

人民邮电出版社

北 京

图书在版编目（CIP）数据

幼儿行为观察与分析案例教程：慕课版 / 刘芳，于志浩，张潺主编. -- 2版. -- 北京：人民邮电出版社，2024.1
学前教育专业新形态系列教材
ISBN 978-7-115-62620-2

Ⅰ. ①幼… Ⅱ. ①刘… ②于… ③张… Ⅲ. ①幼儿－行为分析－高等学校－教材 Ⅳ. ①B844.12

中国国家版本馆CIP数据核字(2023)第170891号

内 容 提 要

本书依托案例系统地介绍了幼儿行为观察与分析的基础知识与技能，侧重幼儿行为观察与分析在幼儿园日常保教方面的实际应用。本书共 9 章，第一章至第三章主要介绍幼儿行为观察与分析的基础理论知识；第四章至第九章是实践部分，主要内容包括幼儿日常生活中的行为观察分析与指导、幼儿情绪表现的观察分析与指导、幼儿认知发展的观察分析与指导、幼儿游戏行为的观察分析与指导、幼儿社会性行为的观察分析与指导，以及幼儿常见问题行为成因及对策。

本书既可作为高等院校学前教育专业相关课程的教材，也可作为幼儿教师培训和教研活动的指导手册，还可作为对学前教育较为关注的家长科学育儿的参考书。

◆ 主　编　刘　芳　于志浩　张　潺
　　副主编　李　仙　郭胜男　申亚楠　孙　丽
　　责任编辑　连震月
　　责任印制　王　郁　彭志环
◆ 人民邮电出版社出版发行　　北京市丰台区成寿寺路 11 号
　　邮编　100164　　电子邮件　315@ptpress.com.cn
　　网址　https://www.ptpress.com.cn
　　山东华立印务有限公司印刷
◆ 开本：787×1092　1/16
　　印张：10.75　　　　　　　　　2024 年 1 月第 2 版
　　字数：251 千字　　　　　　　　2024 年 1 月山东第 1 次印刷

定价：46.00 元
读者服务热线：(010)81055256　印装质量热线：(010)81055316
反盗版热线：(010)81055315
广告经营许可证：京东市监广登字 20170147 号

幼儿行为观察与分析是学前教育、婴幼儿托育服务与管理等专业的核心课程之一，兼具理论性和实践性。幼儿行为观察与分析是指通过专门研究幼儿行为的意义，并依据对幼儿外部行为表现的观察与记录，对幼儿的身心发展、情绪表现、语言能力和游戏行为进行分析与指导。本课程既是教育方法学的重要组成部分，又是帮助幼儿教师掌握教育教学实践技能的重要课程。

党的二十大报告将"深入贯彻以人民为中心的发展思想，在幼有所育、学有所教、劳有所得、病有所医、老有所养、住有所居、弱有所扶上持续用力，人民生活全方位改善"作为新时代十年党和国家事业取得历史性成就、发生历史性变革的一个重要方面，同时还强调要"推进教育数字化，建设全民终身学习的学习型社会、学习型大国"。

基于此，本书具有以下特点。

第一，落实教育类课程立德树人要求。注重对学生社会主义核心价值观、师德师风、幼儿教师职业精神的价值引领。引导学生认识教师对幼儿全面发展的重要性和"幼有所育"对国家、民族、社会和家庭的重要性，着重培养学生作为未来教育工作者的责任感和使命感，引导学生努力成为有理想信念、有道德情操、有扎实学识、有仁爱之心的"四有"好教师。

第二，突出职业教育特点。强调对专业知识的自主建构与认知，关注学生专业能力的培养，将理论知识以大量真实、生动的案例呈现出来。全书案例共50余个，引导学生"学中做，做中学"，帮助学生习得以下技能：科学观察和记录幼儿的行为；掌握不同年龄阶段幼儿的行为特点；科学解释幼儿的行为及其变化；科学推测幼儿行为背后的意义；科学评价幼儿；使用适宜的指导方法，促使幼儿达到全面发展的目标。

第三，校企合作编写，数字化资源丰富，便于教学和学习。学校与优秀幼教企业合作，组成校企深度融合的多元化编写团队，突出教材的实用性和可操作性，聚焦幼儿的全面发展，提供微课、课程标准、课件、课后练习、实训任务等，便于教师教学和学生理解掌握书中知识，同时方便教师更好地实施过程化考核。

第四，内容选取注重实用性、科学性、权威性和前沿性。遵循《3-6 岁儿童学习与发展指南》《幼儿园教育指导纲要（试行）》《幼儿园教师专业标准（试行）》等标准和政策的要求，并参考大量权威学术著作，做到概念定义准确、原理阐释清晰。由于幼儿行为的多样性和复杂性，本书无法对幼儿行为进行面面俱到的讲解与剖析，而是利用典型案例引导学生由浅入深，由理论到实践，再从实践中领悟幼儿行为观察与分析的理论，让学生真正掌握幼儿行为观察与分析的技能，并能够在实践中举一反三。

本书由济南职业学院学前教育学院刘芳教授，汇美合正教育集团人力资源总监、济南市市中区汇美合正幼儿园教学顾问于志浩，济南职业学院学前教育专业负责人张潺，济南职业学院李仙，济南职业学院郭胜男，济南职业学院申亚楠和山东省实验幼儿园孙丽合作完成。刘芳撰写了第一、第二、第九章，并负责全书的统稿、定稿工作；于志浩撰写了第四章并提供了案例资源；张潺撰写了第八章并制作了慕课；李仙撰写了第五章并制作了慕课；郭胜男撰写了第七章并制作了慕课；申亚楠撰写了第三章并制作了课件；孙丽撰写了第六章并提供了案例资源。编写团队在编写本书时借鉴了国内同类教材，并引用了相关著作，在此表示感谢。

由于编者水平有限，书中难免存在疏漏和不足之处，敬请广大读者批评指正。

编者

2023 年 11 月

目录
CONTENTS

01

第一章
幼儿行为观察概述

素质目标

1. 具有问题意识、研究意识及严谨的科学态度。
2. 形成良好的伦理道德意识。
3. 逐步养成作为保教工作者的责任感和使命感。

知识目标

1. 理解观察、行为、幼儿行为观察的含义。
2. 了解幼儿行为观察的主要内容及意义。
3. 掌握幼儿行为观察的准备工作和观察过程中的注意事项。

能力目标

1. 能够区别、甄选出有价值、可观察的幼儿行为。
2. 能够根据观察者应具备的基本素质有目的地做好观察准备工作。
3. 能够根据观察过程中的注意事项客观、公正地展开观察。

学海导航

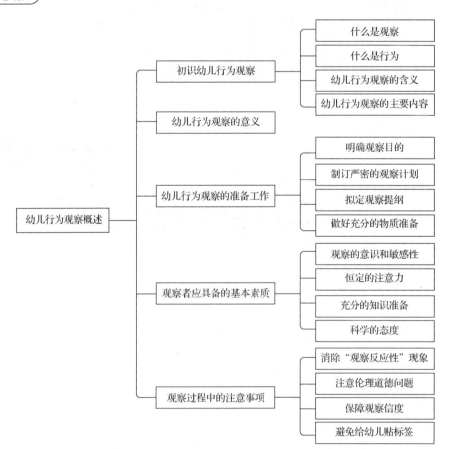

幼儿行为观察是对幼儿行为进行的专业观察，是指在了解幼儿行为的基础上，对他们的个性、需要、兴趣等不同方面进行了解，从而调整教育行为和教育策略。本章主要对相关概念进行界定，如观察、行为、幼儿行为观察，并阐述幼儿行为观察的意义等内容。

第一节 初识幼儿行为观察

一、什么是观察

观察是人通过感官，从周围环境中获取信息，并对其进行组织、说明的过程。观察可以分为两大类型，即一般观察（日常生活中的观察）和专业观察（作为科学研究手段的观察）。

（一）一般观察

一般观察就是日常生活中的观察，也可以称为日常观察。在日常生活中，我们随时都在观察，如用眼睛去看、用耳朵去听、用鼻子去闻……观察是人的一种本能。

通过一般观察，我们能够收集到大量的信息，丰富经验储备。但是这些信息往往具有主观性、偶然性和零碎性，并不能说明问题。日常生活中，观察常常是因为好奇而产生的。因此，大多数一般观察并没有预先设定的目的。由于一般观察是随机发生的，所以在这些观察发生时，我们可能只注意到事物、现象或人的行为的某个方面或某些片段，而错过了另一些互有联系的事物、现象或人的行为。也就是说，我们有时候观察到的事实只是偶发事件或是特殊背景下的行为，不能代表观察对象的典型状况。

（二）专业观察

专业观察是为满足职业要求或科学研究需要而进行的，是观察者通过感官或辅助仪器，有目的、有计划地对自然状态下发生的现象或行为进行系统连续的考察、记录、分析，从而获取事实材料的过程。

在进行大多数一般观察时，观察者仅针对他们感知到的内容做出判断，这种观察可以概括为"事实获取→主观判断"。事实获取是指观察者接收事实资料，在这一环节，观察者对其感兴趣的事实资料进行收集。主观判断是指观察者针对所获得的事实做主观解释。一般观察很少对诸如"所获得的信息是否确实，是否能代表重要的事实""所下的判断是否仅靠感觉或情绪，或是经过合理推论"等问题进行思考，而只是针对事实做一个自己认为合适的判断。

和一般观察不同，专业观察是以正确了解事实为目的，为满足职业要求或科学研究需要而进行的，有明确目的和计划安排的，有一定控制和严格记录的观察。

专业观察的目的性表现为对某项（次）观察所要解决的问题、所要获取的资料，预先进行明确，并对要观察的现象或变量做出明确的操作性定义。明确观察目的是进行专业观察的基本要求。专业观察的计划性表现为对观察活动的时间、顺序、过程、对象、设备、记录方法和材料等都有预先的计划、安排和准备。这些计划、安排和准备可以使观察的效率和质量提高。专业观察需要收集多方面的事实资料，并根据目的来做出正确的判断。因此，它通过专业的方法收集、记录、分析事实资料，并且尽可能没有误差地做出正确的判断。为使获取的事实资料更具客观性，在收集资料的过程中，我们可以使用仪器等来记录和保存事实资料，以保持事实的原貌，不加以任何扭曲。专业观察在收集了多方面的资料以后，还要针对资料进行缜密的分析、归纳、推理、假设等。我们在观察过程中所做的判断可能只是暂时的假设，还需要收集事实资料来验证。

因此，专业观察不是如一般观察的"事实获取→主观判断"那样简单的过程，而是"事实获取→主观判断"和"主观判断→事实获取"不断循环的过程，直到针对获取到的事实资料做出的主观判断形成满意有效的结果。在主观判断的过程中，观察者需要运用创造性思维和批判性思维，使对事实资料的解释具有理性或逻辑性。一般情况下，专业观察的结果才是可信的，因为专业观察是有目的、有计划、详细且科学的过程。

二、什么是行为

关于"行为"的解释有很多种，一般认为，行为的概念分为狭义和广义两种。

狭义的行为，是指个体的一言一行、一举一动，是外在的，能被直接观察、描述、记录或测量的活动。例如，人说话、走路、唱歌、游戏、大笑、哭泣等活动都是狭义的行为。这些活动都是个体的外在表现，能被别人直接观察、描述、记录或测量。这些活动不但可以被别人直接观察，而且可以被一些设备，如录音机、摄像机、计时器等记录下来，再加以处理、分析和研究。如果这样理解"行为"，那这些活动就必须是个体直接的行为事实。在观察过程中，必须对这些行为事实进行记录，以免疏漏和遗忘。在记录下来以后，观察者还要对这些行为事实进行整理、补充、分析，然后做出自己对被观察者行为的判断，以此来解释被观察者行为的个人意义。

广义的行为，不局限于可直接观察的外在活动，还包括以外在活动为线索，间接推断出的个体内在的心理活动和心理过程。狭义的行为只能代表被观察者的外在行为，而这部分是观察者可以收集到的事实，也是观察者可以用来对被观察者的心理活动进行推断的依据。被观察者的其他不能由观察者直接收集到的行为则属于广义的行为，包括被观察者的情绪、思维、意愿、个性等，观察者必须通过反映行为事实的资料来对它们进行猜想、假设、评估或推测。

三、幼儿行为观察的含义

1. 幼儿行为观察是在自然状态下进行的观察

观察者要了解幼儿行为的真实意义，那么对幼儿行为的观察就一定要在自然状态下进行。自然状态是指对所观察的现象或行为不加以任何人为的控制，使它们以本来的面目客观地呈现出来。例如，观察幼儿生活自理情况，应该在幼儿日常进餐、如厕、穿脱衣服等过程中，并且是在其熟悉的环境中进行。

2. 幼儿行为观察是一种有目的、有计划、有一定控制的研究方式

虽然对幼儿行为的观察是在自然状态下进行的，但是这并不等于对幼儿行为的观察能完全顺其自然。作为科学研究的方法之一，观察的过程不能毫无控制，尤其是在比较正式的观察中，为了尽量减少误差，增强结论的可靠性，观察者应当对观察的步骤、途径、方式等进

行一定的控制。因此，幼儿行为观察所要解决的问题、需要获取哪些资料等都是预先确定的，这表现为观察的时间、顺序、过程、对象、仪器、记录方法等大多是事先安排好的，并对所要观察的对象做出了明确的操作性定义。也就是说，观察者应当在一定程度上控制观察的步骤、途径、方式等。例如，明确观察的对象是什么，用什么方法进行观察，怎样观察，在哪里观察，什么时候观察，等等。因此，幼儿行为观察是一种有目的、有计划、有一定控制的研究方式。

3. 幼儿行为观察需要收集多方面的客观资料

要对事实进行了解，除了运用感官之外，观察者还可以运用各种能够帮助收集客观资料的仪器或工具。这些仪器或工具的作用只有一个，那就是尽可能使观察到的事实以原貌被记录下来。因此，观察者在观察过程中进行记录时，要将对行为的客观描述和主观解释与评价严格地区分开来。无论采用什么记录方法（人工的或其他的），都要强调事实的客观性，保持其原貌，不加以任何扭曲或随意猜想。

综上所述，幼儿行为观察是通过感官或仪器，有目的、有计划地对自然状态下发生的幼儿行为及相关现象进行观察、记录、分析，从而获取事实资料的方法。

四、幼儿行为观察的主要内容

幼儿行为观察的主要内容包括：幼儿在日常生活中的行为（如厕、进食、睡觉等），幼儿使用工具（材料）的行为（建构等），幼儿与同伴的互动行为、与成人的互动行为，幼儿的游戏行为，幼儿的语言和阅读能力发展情况，幼儿的认知能力发展情况，需要特殊照顾的幼儿的行为，等等。

第二节　幼儿行为观察的意义

《幼儿园教育指导纲要（试行）》（以下简称《纲要》）指出："（一）以关怀、接纳、尊重的态度与幼儿交往。耐心倾听，努力理解幼儿的想法与感受，支持、鼓励他们大胆探索与表达。（二）善于发现幼儿感兴趣的事物、游戏和偶发事件中所隐含的教育价值，把握时机，积极引导。（三）关注幼儿在活动中的表现和反应，敏感地察觉他们的需要，及时以适当的方式应答，形成合作探究式的师生互动。（四）尊重幼儿在发展水平、能力、经验、学习方式等方面的个体差异，因人施教，努力使每一个幼儿都能获得满足和成功。（五）关注幼儿的特殊需要，包括各种发展潜能和不同发展障碍，与家庭密切配合，共同促进幼儿健康成长。"

《纲要》中的"倾听、理解、发现、关注、尊重、因人施教、特殊需要"等都在强调，教育的前提是教师、家长真正地了解幼儿，关注幼儿的发展水平及需要。这就要求教师、家长在正确理念的指引下，运用一些方法与技术对幼儿进行充分了解，其中幼儿行为观察的意义无疑是重大的，主要体现在以下几个方面。

（1）观察是理解幼儿的需要，是与幼儿交流的重要途径。

观察不仅可以使教师了解幼儿在言语表达、身体运动、社会性等方面的发展状况，还可以通过对幼儿外部行为特征的分析，帮助教师深入了解幼儿的心理状况。一般来说，幼儿的心理状况往往会通过语言、表情、动作等表露出来。只有充分理解幼儿的需要，教师才能真正实现和幼儿的交流，从而有的放矢地开展保教工作。

（2）通过观察可以了解幼儿的发展水平，科学评价幼儿，促使其达到发展的目标。

① 通过观察可以了解幼儿的经验获得水平。教师深入幼儿中去观察他们的言行，倾听他们的交谈，就能不同程度地了解该阶段的幼儿所获得的各种经验、经验的来源，以及经验对他们产生的影响。

② 通过观察可以了解幼儿的能力发展水平。在幼儿园中，对幼儿能力发展水平的了解一般是通过等级评定考察和观察两种途径来实现的。对从事教育实践的教师来说，观察比正式的等级评定考察要简便易行，而且观察更能真实地反映幼儿的客观状况，让教师全面地了解幼儿的能力发展水平。

③ 通过观察还可以了解幼儿的学习方式。教师要满足幼儿在活动中的不同需要，就必须通过认真细致的观察，了解幼儿的兴趣以及他是如何和同伴交往、如何使用材料、如何表达自己的经验的，这样才能根据幼儿的特点实施有效的教育。

（3）幼儿行为观察既是教师必备的基本技能，又是促进教师专业发展的有效途径。

幼儿行为观察要求教师做到以下几点：科学记录和分析幼儿行为；掌握不同年龄阶段幼儿的行为特点；科学解读幼儿的行为和行为变化；科学推测幼儿行为背后幼儿的真实想法；运用科学方法，及时处理幼儿的个性化需求；科学评价幼儿，促使幼儿达到发展的目标。只有掌握幼儿行为观察与分析的技能，才能胜任幼儿教师的岗位，与幼儿形成良好的互动关系，进而达到教育目的，促进幼儿发展。

同时，幼儿行为观察的过程是教师参与研究的过程，而参与研究是教师专业的发展最重要且有效的途径之一。教师将观察幼儿作为自己参与研究、改进教学的手段，能借此反思自己的教育理念和教学行为，从而提升自己的教育保教能力。一名好的教师会经常反思自己的教学实践，成为真正的反思型教师，而观察幼儿、了解幼儿是反思的基础。教师可以利用观察方法、观察工具进行观察，获得有关的资料，通过对所收集资料的分析，反思自己的保教活动实践；根据实际需要，有针对性地观察幼儿的行为，从而获得实践知识，吸取他人的经验，改进自己的保教技能，提升自己的专业素养。

（4）幼儿行为观察是幼教工作顺利进行的重要保障，可以帮助幼儿园更好地开展保教活动。

幼儿园的保教活动是有目的、有计划的教育过程。课程计划应根据幼儿当前的需要、学科知识和社会需要来制订。要使课程满足幼儿的需要和兴趣，为他们提供一个能够让他们自由游戏和学习的空间，其中很重要的一点就是要观察幼儿、了解幼儿。教师只有在教育过程中有目的、有计划地观察幼儿，关注幼儿与他人的谈话、讨论，以及幼儿对某些事物和事件的反应，了解他们的需要和兴趣所在，将学科知识与幼儿的需要、兴趣及社会需要紧密结合，才能将保教工作做好。

同时，教师还应关注幼儿是如何学习的及会不会学习，幼儿的学习需要和学习方式是怎样的及他学得怎么样，从中发现有价值的活动线索，从而开展有价值的保教活动。

此外，掌握一定的幼儿行为观察知识也是家长科学育儿的有效途径。

第三节 幼儿行为观察的准备工作

科学的幼儿行为观察，并非"看"一些东西，而是有目的地观察一些事物，事先应做好充分的准备工作。幼儿行为观察的准备工作包括以下几方面内容。

一、明确观察目的

在观察前，观察者只有明确观察目的和观察任务，才能将注意力集中到观察对象的行为上，从而深入细致地观察。从宏观层面讲，观察目的常常是了解幼儿行为的意义，从而制定合适的教育策略。幼儿行为观察除了可以了解幼儿的行为意义外，还有教育功能方面的目的。例如，通过对幼儿发展水平的评价和对幼儿发展状况的了解来间接了解教师的保教工作情况，对班级集体行为进行分析及研究，等等。从微观层面讲，明确观察目的就是要弄清想要观察的对象是什么，想要了解幼儿的哪些行为。不同的观察目的对应的是不同的观察主题、内容及方法。

二、制订严密的观察计划

观察者在明确观察目的和观察任务的基础上，应制订严密的观察计划，即观察者对观察的时间、顺序、过程、对象，以及观察所用的仪器、记录方法、表格等预先做好安排。观察时，观察者要按照观察计划提高观察的效率和质量，增强所得资料的准确性和可靠性。

三、拟定观察提纲

（1）观察地点：写出详细地址。

（2）观察时间：确定具体的观察时间。

（3）观察对象：性别、年龄、所在班级、肖像描述。

（4）观察方法：从轶事记录法、时间取样法、频率计数法等方法中选择一种合适的观察方法。

（5）观察目的：根据观察方法，写出观察目的。

四、做好充分的物质准备

物质准备包括准备观察实施时使用的记录卡片、音像设备等，以及对参与观察的研究人员进行培训。当有多个研究人员时，培训可以帮助他们理解观察的目的和重点、明确观察方法、熟悉观察设备和记录方法，学会按照一定的标准进行规范的观察和记录，以减少观察的误差。最好是在正式观察前做一些观察练习，这样可以发现哪些方面准备得不充分，并进行修正。

第四节　观察者应具备的基本素质

一、观察的意识和敏感性

不同的人对幼儿行为的敏感性会有很大差别。缺乏观察经验和练习的观察者在工作中可能一直在"看"，却常常不知道该看什么，或对一些有用的行为信息"视而不见"。这往往是因为这些观察者没有明确的观察目标，缺乏对幼儿行为的敏感性。通过经验的积累和长期的练习，观察者能较好地确立观察目标。同时，幼儿在日常生活中有许多自发的行为可以作为观察对象，只有具备观察的意识和敏感性，观察者才能及时捕捉可作为观察对象的幼儿行为，获取各种有价值的教育信息。观察的敏感性会随着经验的增加而增强。

二、恒定的注意力

恒定的注意力是保证观察质量的重要因素。影响观察者注意力的因素有很多：观察过程中与观察对象和观察内容无关的其他情况，尤其是突发状况会干扰观察者；心理压力过大或身体不适也会影响观察者的状态；观察者在观察并记录了幼儿的部分行为以后，认为自己对幼儿的反应已经"心中有数"，因而产生不耐烦的情绪，不再严格按照客观性原则详细做记录。因此，观察者除了要有意识地培养自己的注意力外，还要尽量排除观察过程中的干扰因素，保持始终如一的科学态度，当身体不适或心理压力过大时应暂停观察，进行自我调整。

三、充分的知识准备

观察结果的正确率，与观察者是否明确观察目的和是否对观察任务有较清楚的认识密切相关，这就要求观察者在观察前要做好必要的知识准备，否则就可能对有用的行为信息"视而不见"。例如，观察者要观察幼儿的攻击性行为，应预先对攻击性行为的具体表现、常见成因和应对措施，以及容易诱发攻击性行为的时间段、情境有所认识。只有做好知识方面的准备，观察者才能用一双敏锐的眼睛发现值得研究的问题。

观察者还要做到勤观察、勤思考、勤阅读，注意把观察与阅读、思考结合起来，这样才能通过观察现象抓住本质。

四、科学的态度

生活中，观察者可能喜欢或不喜欢具有某种特征或表现出某种行为的幼儿。这些偏好在行为观察中可能会影响观察者，使他们忽略或过度关注幼儿个性或行为的某些方面。当幼儿的某些特征或行为为观察者所不喜，或被认为应该受到禁止时，这种偏见会影响观察者看待和解释这些特征或行为的准确性。因此，一个合格的观察者必须不抱任何偏见，保证观察资料的客观性、可靠性。

第五节　观察过程中的注意事项

一、消除"观察反应性"现象

"观察反应性"现象是指观察对象知道有人在观察自己时，会改变自己的行为，做出不正常、不自在的反应。这时所获取的关于幼儿行为的信息和资料是不真实的。要消除或避免这方面的干扰，观察者就不能急于记录观察到的情况，而应该预先来到观察现场，与幼儿交朋友；当幼儿不再有陌生感、熟悉观察者的存在、对观察者的活动失去兴趣后，观察者再进行观察和记录。观察时，观察者应坐或站在一个不容易被幼儿看到的位置，尽量不要让幼儿发现你在"看着"他。

二、注意伦理道德问题

伦理道德问题是所有观察中不可忽视的因素，为避免此类问题，观察者应该做到以下两点。

1. 观察前应得到许可

幼儿有权同意或拒绝被观察。因此，观察者进行观察前应获得幼儿家长的同意；必要时，要与幼儿家长签订相关协议。

同时，观察者在使用任何观察资料前应该得到幼儿园主管人员，如园长、保教主任等的许可。

2. 注意保护幼儿隐私

在书写或口头报告观察结果时，除非有必要用真名，否则应使用代号或化名，观察者应避免记录或透露幼儿的真名。对观察记录须小心收存，不要将其放在任何人可以随意拿取的地方。观察记录仅提供给"必要知悉"的人士，如教师、幼儿家长、社工等，其他人必须事先获得幼儿家长的书面同意才可以查看。

三、保障观察信度

（1）观察次数越多，观察信度越高。

（2）信度随观察时间的增加而提高，但最佳信度大多发生在观察时间由 10 分钟增加到 20 分钟时，观察时间在 20 分钟以上时信度趋于稳定。

（3）某些研究表明，观察次数与时间的最佳组合为观察 5 次、每次 30 分钟。根据实际情况，观察次数与时间可调整为观察 3 次、每次 30 分钟，或观察 4 次、每次 20 分钟；也可根据特定班级上课时长来确定。

四、避免给幼儿贴标签

当幼儿因为自己的行为而被贴上某个"标签"时，这个标签所形成的社会及心理压力，最后会反过来影响幼儿的自我认同，驱使幼儿做出符合标签的行为。所以不要给幼儿贴标签，不管这个标签是负面的还是正面的。

负面标签会让幼儿产生羞愧感，摧毁幼儿的认知价值；正面标签则会让幼儿过度膨胀，同样会摧毁幼儿的认知价值。

课后练习

1. 幼儿行为观察的含义、主要内容和意义是什么？
2. 幼儿行为观察的准备工作有哪些？
3. 观察者应具备哪些基本素质？
4. 观察过程中的注意事项有哪些？

实训任务

1. 请在抖音、微信视频号等短视频平台查找幼儿的视频，讨论、甄别哪些可以作为行为观察案例，哪些不可以。
2. 请根据自身情况，分析自己作为观察者已具备哪些基本素质，哪些方面还需要进一步提升，说一说你将通过哪些途径提升自己的观察素质。

02

第二章
幼儿行为观察记录的方法

素质目标

1. 形成务实求真的科学态度。
2. 培养全面严谨的思辨精神。

知识目标

1. 了解各种行为观察记录方法的含义。
2. 掌握常见的行为观察记录方法的操作要点。
3. 掌握各种行为观察记录方法的优缺点。

能力目标

1. 能够根据观察目的选择合适的行为观察记录方法。
2. 能够正确使用各种行为观察记录方法。
3. 能够在观察记录过程中尽量避免所选行为观察记录方法的缺点带来的影响。

学海导航

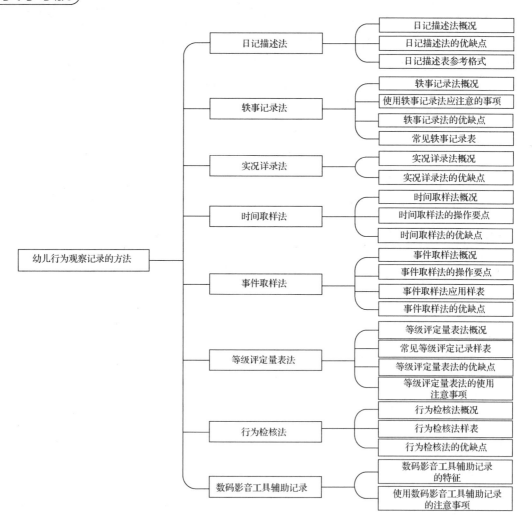

本章主要介绍常见的幼儿行为观察记录方法，包括叙述法（日记描述法、轶事纪录法和实况详录法）、取样法（时间取样法和事件取样法）、等级评定量表法、行为检核法和数码影音工具辅助记录，并结合具体案例分析各方法的概况、优缺点及参考格式等。

第一节 日记描述法

一、日记描述法概况

日记描述法又称传记法，指在对同一个或同一组幼儿长期反复的观察过程中，以日记形式对幼儿的行为表现进行记录的方法。日记描述法是最传统的观察幼儿行为的方法之一。在早期的自然观察中，很多教育家、心理学家都曾用日记描述法对幼儿的发展进行研究。

例如，1774 年，裴斯泰洛齐用此法跟踪观察其孩子 3 年，写了《一个父亲的日记》；达尔文写了《一个婴儿的传略》，记叙自己孩子的行为和发展，引发人们对幼儿身心发展进行观察研究的兴趣；现代幼儿心理学家皮亚杰也用此法描述了自己孩子的认知发展过程，并出版了《儿童心理学》。

案例 2-1

第 1 个星期，第 1 天

（1）这个小孩是在 1920 年 12 月 26 日 2 时 9 分出生的。

（2）出生后 2 秒开始大哭，一直哭到 2 时 19 分，共持续地哭了 10 分钟，此后便断断续续地哭。

（3）出生后 45 分钟打哈欠。

（4）出生后 2 小时 44 分，又打哈欠，此后再打哈欠 6 次。

（5）出生后 12 小时小便。

（6）大便呈灰黑色的流汁状态。

（7）用手摸他的脸，他的皱眉肌就皱缩起来。

（8）用手指触他的上唇，上唇就动。

（9）打喷嚏 2 次。

（10）眼睛闭着的时候，用灯光照他，他的眼皮会皱缩。

（11）两腿弯曲呈"O"形。

（12）头颅很软，皮肤呈淡红色，四肢能活动。

（13）这一天除了哭之外，其余时间均处于睡眠状态。

…………

第 116 个星期，第 808 天

（342）学跳远。他喜欢在地上跳来跳去，今天他的父亲在地上铺了两个垫子，间距约为 5 寸（1 寸≈3.33 厘米），他从这个垫子跳到那个垫子。他的左脚跳了 1 尺（1尺≈0.33 米）远，右脚跳了四五寸，每次都是左脚先跳，而且跳得更远。

（343）好看的观念。今天他穿了妹妹的一件蓝格子长背心，走来走去，表现出自以为很好看的样子。

（344）预先报告撒尿。昨天晚上第一次告诉大人自己要撒尿。

（345）演绎的思想。他看见一幅画着几个野人的图画，就说"m——me——tse"（没有了），意思就是他们没穿衣服。他不知道野人是不穿衣服的，以为人人都要穿衣服，现在看见这几个野人没穿衣服，所以他说没有了。

（346）不怕黑暗。他素来喜欢亮光，不过并不怕黑暗。今天他从客厅走进卧室，把门关着，躲在门后，那时卧室里并没有点灯。

（347）知道螺旋瓶盖可以拧开。今天他将一个螺旋瓶盖拧开了，这是肌肉能力发展的一种表现。

（348）喜欢涂粉。他喜欢在脸上涂粉，这大概是因为他看见别人这样做，以为涂粉很好玩。

（349）新旧的观念。今天他的父亲拿了一双新鞋子给他看，并且告诉他"把旧鞋子脱下，把新鞋子穿上"，教他新旧的观念。

（350）忆得6个月前的事情。他看着一幅画着猴子的图画，说他曾经在农场看见过一只猴子。从那时到现在差不多有6个月了，但他还记得当初的事情。

（351）表示大小。从前他能说"大"的时候，已经有大小的观念。他现在看见小的东西，就将小指伸出给人看，并说："一点点。"看见大的东西，他伸出大拇指，并说："大。"

（352）能顺/逆唱8个音。他现在将8个音背得很熟，虽然其中有几个还唱得不对。

（353）对于颜色的兴趣。从前给他各种颜色的球和方块，他都没有什么兴趣；叫各种颜色的名字，他也不是很在意。现在，他喜欢用有颜色的方块拼一些花样。他的父亲教他用蓝色的一面向上排成行，但他自己喜欢用黄、蓝两色合并的一面向上排成行。

（354）时间观念。他饿了要东西吃，他的父亲对他说："给你拿牛奶去了，你等一会儿。"他知道"等"的意思，有时间观念了。后来他吃面的时候看见一个梨，他就要，他的父亲对他说："面吃完了再吃。"他就不要了。

我国最早采用日记描述法开展观察研究的是著名幼儿教育家陈鹤琴。他采用长期观察、追踪记录的方法，以其子陈一鸣为研究对象，从出生后的第2秒开始，对陈一鸣的身心发展进行了长达808天的连续观察和记录，内容包括动作、感知、记忆、思维、情绪、意志、言语、知识、绘画、道德等各方面的发展状况。他共记录有重要意义的事件354项，细微详尽，并且还分类进行了动作发展、言语发展、学习、道德发展等各个方面的观察分析。案例2-1就是陈鹤琴对陈一鸣记录的节选。他在大量原始资料的基础上，于1925年出版了《儿童心理之研究》。

二、日记描述法的优缺点

日记描述法的优点是观察者在日常生活中边观察边记录，能系统地记录幼儿身心发展的连续变化，获得长期的、详细的第一手资料。由于观察是在自然情境中持续进行的，得到的资料较为真实可靠。日记描述法还常用于个案研究，有利于对个体行为进行定性分析。

日记描述法的缺点是此方法往往只针对个别幼儿，结果缺乏代表性；观察者往往带有一定的情感倾向或主观偏见。另外，日记描述法要求观察者持之以恒，长期跟踪，会耗费观察者大量的时间和精力。

三、日记描述表参考格式

日记描述表参考格式如表 2-1 所示。

表 2-1　日记描述表参考格式

观察对象：　　　　　性别：　　　　　出生日期：　　　　　观察者：

年　月　日　　　　　　　　　　观察地点：

问题/评价/反思

年　月　日　　　　　　　　　　观察地点：

问题/评价/反思

第二节　轶事记录法

一、轶事记录法概况

"轶事"一般指独特的事件。轶事记录法是观察者将感兴趣的、有价值的、有意义的行为和反应，以及可表现幼儿个性的行为事件，用叙述性的语言记录下来，供日后分析的一种观察方法。

采用轶事记录法可以让观察者在实践中兼顾对全体幼儿和个别幼儿的观察。观察者可以在和全体幼儿、分组幼儿、个别幼儿互动后，将自己观察到的比较特殊的幼儿行为事件记录下来，也许每天不只针对一个幼儿，每天记录的对象也不同。那些行为比较特殊的幼儿被记录的机会可能较多，而行为正常的幼儿如果表现出比较突出的行为，也可能是记录法的主角。

轶事记录法是有主题的，记录的是幼儿独特的行为事件。它通常要求观察者将幼儿的行为事件发生的过程客观、准确、具体、完整地记录下来，不仅要记录幼儿的行为、言谈，还要记录幼儿行为发生的背景及与之相关的其他在场幼儿的行为，记录时词句要准确，如实反映客观情况。观察者要将自己的主观评价和解释与对行为事件的客观描述严格地区分开来，以免将客观事实与主观判断相混淆。轶事记录往往是在事件发生后的追记，因此一定要及时进行，以免受记忆误差的影响。

运用轶事记录法开展观察研究，可以帮助观察者分析幼儿的成长和发展状况，了解幼儿的个性特征，探讨影响幼儿发展的因素，以便有针对性地进行教育干预。

⚙ 案例 2-2

两岁半的辛西娅看到她的妈妈在喂婴儿吃奶，就对妈妈说："我也要喂他。"然后她看看自己身上，似乎意识到自己缺少了什么，就说："他可以吃我的腿。"辛西娅的话告诉我们，当婴儿在吃奶时，辛西娅所想到的是怎么一回事，并且也了解到自己不可能有相同的食物给婴儿吃。

轶事记录法可以帮助教师具体地了解和评价幼儿的发展水平和个性特点，简单方便。任何一个留心幼儿行为表现的教师都可以进行轶事记录，记录的资料还可以长期保留下来，为继任教师提供幼儿发展情况的相关信息。

下面的"5W"法有助于观察者完整记录观察信息。

（1）谁（Who）：所观察的幼儿。

（2）和谁（Whom）：所观察的幼儿和谁产生行为或语言上的互动。

（3）何时（When）：事件发生的日期以及具体时间段。

（4）何地（Where）：事件在什么地方或哪一个区域发生。

（5）什么（What）：幼儿做什么动作，说什么话，表情、姿势如何。

二、使用轶事记录法应注意的事项

1. 观察之后尽快做记录

在大多数情况下，观察者不可能在行为事件发生的当下就对其进行书面记录，但如果记录延后的时间越长，观察者就越有可能遗忘一些重要的细节。因此观察者应在事件发生后尽快做简短的记录，并及时完善。

2. 充分观察并记录有意义行为发生的情境

如果脱离了行为发生的情境，那么就很难对其做出合理的解释。例如，幼儿的攻击性行为，可能是善意的玩笑、想引起别人注意的尝试、对他人直接挑衅的回应，或是一种极具敌意的信号。行为意义线索经常可以通过观察其他在场幼儿的行为以及行为发生的特定背景来获得。因此，观察记录应包括对有意义的幼儿行为及相关情境的描述。

3. 将轶事记录限定为对单一事件的简短描述

将轶事记录限定为对单一事件的简短描述，可以使记录和解释得以简化，但细节要充分，以使描述更有意义，更加准确。

4. 把对事件的描述和对事件的解释区分开来

对事件的描述应当尽可能客观、准确，这就意味着要用具体、非评判性的语言准确叙述所发生的事件。要避免使用评判性的语言，如伤心、害羞、敌对、悲哀、固执等。如果需要，应把这些评判性的语言单独列出，作为对事件的尝试性解释。

5. 在实践中不断成长

大多数教师在选择重要事件、进行准确的观察及客观的描述时会遇到很多困难，比较明智的做法是开始时每天只做简短的记录。从观察幼儿在休息时或者学习期间的习惯开始，这样就有充足的时间观察和记录其重要的行为。同时回顾一个月或者两个月内有价值的记录，将有助于教师分辨事件中的哪些信息是有价值的，哪些信息是无用的。回顾记录同样可以提高记录的真实性和有效性。

三、轶事记录法的优缺点

通过对轶事记录法的分析，我们可以了解轶事记录法有以下优点。

1. 简单常用

轶事记录法简单、方便和灵活，使用它能针对某个特殊事件迅速做出正确和详细的记录，无须编制观察记录表格，也无须安排特别的情境、范围或事件。事件发生后，教师可以随时随地进行记录，所以轶事记录法通常被认为是最简单的一种观察方法，也是教师经常使用的一种观察方法。一些教师在带班的同时多用轶事记录法记录一些幼儿行为。

2. 持续记录有助于评估和总结

轶事记录法虽然简单，但是使用它能记录幼儿行为的前因后果，说明行为发生的背景及情境，提供用于了解幼儿某种行为的较为详细的资料，了解幼儿的个性特征及成长和发展情况。教师往往在学期或学年刚开始时就运用轶事记录法。如果教师能持续地记录整个学期或学年，在学期或学年结束时，就可以评估幼儿在哪些方面有所改变，哪些方面还需改进。

3. 有助于进一步做推断和有针对性地进行教育干预

使用轶事记录法记录的资料客观清晰，如果教师要根据这些记录做任何推断或解释，则无须再对事件做客观的叙述。轶事记录法还能用于探讨影响幼儿发展的各种因素，帮助教师有针对性地进行教育干预。

4. 便于长期保留

使用轶事记录法所记录的资料可以长期保留下来，当幼儿升班时，教师可将其交给接任的教师，以便其了解幼儿先前的发展情况并继续进行记录。

轶事记录法虽然是教师喜欢和常用的方法，但是仍有一些缺点，具体体现在以下两个方面。

1. 记录的行为易出现偏差

使用轶事记录法时，教师容易受偏见影响而有选择地记录幼儿的行为，这种偏见往往是由教师的好恶引起的，例如专门选择记录一些自己认为比较不守纪律的幼儿的行为。此外，教师在带班过程中观察到的一些情况，往往受带班影响而无法立刻记录下来，只能事后进行补记。这种事后进行补记的做法，常会导致记录的内容带有一些主观偏差，这些偏差可能是教师记忆模糊造成的，也可能是由其本身的主观倾向引起的。

2. 容易导致错误的解释和判断

轶事记录法要求教师在记录时运用简练且准确的语句，一些不恰当的文字记录会导致阅读者对幼儿的行为做出错误的解释或价值判断。另外，轶事记录法由于留下的材料比较简练，和其他方法（如实况详录法）不同，因而会给有效的使用带来一定的困难。

四、常见轶事记录表

常见轶事记录表如表 2-2～表 2-5 所示。

表 2-2　轶事记录简易表

观察对象		观察时间	
观察情境			
客观记录		主观判断	

表 2-3 区角活动轶事记录表　　　　　　　记录人：＿＿＿＿＿＿

区角名称		日期	
时间	幼儿姓名	轶事记录	

表 2-4 多名幼儿轶事记录表

活动：＿＿＿＿＿＿＿　　　时间：＿＿＿＿＿＿　　　记录人：＿＿＿＿＿＿

幼儿姓名	周一	周二	周三	周四	周五
张××					
王××					
李××					
赵××					
钱××					
刘××					

注：该表格适用于对多名幼儿在特定活动中的连续观察。

表 2-5　个别幼儿轶事记录表

1. 观察时间：

2. 地点与情境描述：

3. 幼儿姓名：

4. 观察者：

时间	轶事记录	分析	备注（进一步观察的重点）

注：该表格适用于对个别幼儿较长时间的观察。

第三节　实况详录法

一、实况详录法概况

实况详录法指在一段时间内（如一小时或半天内）持续地、尽可能详细地记录幼儿所有的行为表现，包括幼儿自身的全部言行、幼儿与环境及他人的相互作用与交往情况，然后对所收集的原始资料进行分类和综合分析的方法。

实况详录法从日记描述法和轶事记录法发展而来，是早期研究幼儿的一种有效手段。

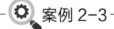 案例 2-3

　　第一个采用实况详录法的是德斯拉，他的《观察婴儿的一个早晨》一文记录了其在 1895 年 1 月 19 日对他自己 13 个月 19 天大的孩子所进行的连续 4 小时的观察。

　　"……他扔下刚捡到的一只瓶子，模仿妈妈的样子说'坏孩子！'，接着又捡起那只瓶子，坐下来，啃它。然后，他右手拿着瓶子爬到左边，起身，丢下瓶子，朝妈妈走去。途中，他拿起装有食物的那只瓶子，向左转，往回走，走到他丢下的另一只瓶子那里。他试着把一个瓶盖盖在他拿着的瓶子上。之后，他爬到钢琴罩子下面，用瓶子敲打钢琴。他被拉开，接受惩罚。他躺下来吃东西，然后站起来走了几步，接着又向左转，走到钢琴前，往罩子下爬，又从罩子下钻出来。他拿起娃娃，弄得它哇哇叫，又扔下娃娃，去拿软木塞和锡盒，试图把软木塞放进锡盒，一边摆弄一边嘟囔着什么……"

观察者应客观而详细地记录幼儿所有的行为表现，描述时不应加任何主观推断、解释与评价。实况详录法对记录的要求较高，如果需要观察较长时间，应该由几个观察者轮流进行，最好用摄像机把现场实况实录下来再做处理。

例如，要对小班幼儿游戏的实况详录资料做定性分析，可用文字描述 3～4 岁幼儿游戏行为的一般状况或 3～4 岁幼儿游戏的典型模式；如果要进行定量分析，可事先对行为进行分类，如分为模仿行为、相互作用行为、社会性交往行为、完成任务行为等，然后对实录资料进行整理。使此类结果数量化的方式有两种：第一，整理出各类行为发生的时间长度分数，即采用时间抽样的办法，把实录全过程分成多个相等的时段，如 30 秒或 1 分钟，把每一时段发生的行为归为某一类型，然后把各类行为发生的时段数乘以每一时段的时间长度，得出各类行为发生的时间长度分数；第二，记录各类行为发生的次数，如模仿行为发生 20 次、完成任务行为发生 5 次等。

二、实况详录法的优缺点

实况详录法的优点在于能够提供较为详尽的行为信息和行为发生的背景信息，实录资料可较完整地记录所发生的行为或事件，供观察者反复观察与分析使用。

实况详录法的缺点在于对记录的技术要求较高，通常需要用现代化的观察设备，成本较高；需要花费较多的时间和精力来处理原始的实录资料；需要收集大量实录资料才能获得有关行为的有代表性的样本。

第四节　时间取样法

一、时间取样法概况

时间取样法是指观察者以一定的时间间隔为取样标准，观察和记录预先确定的行为是否出现以及出现次数的一种观察方法。

时间取样法的使用有两个前提：一是所观察的行为必须经常出现，每 15 分钟至少出现 1 次；二是该行为必须是外显的、容易被观察到的。

运用时间取样法，观察者需要预先确定观察的行为，并对行为进行分类，确定操作定义，最后编码。操作定义是指对必须观察或测定的行为给予的具体详细的说明、规定，以及测量与观察记录该行为的客观标准，即观测指标。

　　运用时间取样法，观察者还需要预先确定观察的时间结构和记录形式，依据观察目的，决定记录哪类指标，如行为出现与否、行为出现频率、行为持续时间。时间取样法的记录形式有两种：一种是查核记号，画"√"，记录行为出现与否；另一种是记录记号，写"正"字等，以记录在规定的时间间隔内行为出现的次数。

⚙ 案例 2-4

　　帕滕（Parten）是时间取样法著名的早期研究者之一。1926 年 10 月至 1927 年 6 月，帕滕观察了 2~5 岁幼儿在游戏中的社会参与性行为，设计了 6 种反映幼儿参与社会性集体活动的水平的活动类型以指导观察，并赋予其操作定义（见表 2-6）；还设计了幼儿社会参与性活动观察记录表（见表 2-7）。

表 2-6　6 种活动的操作定义

活动类型	操作定义
无所事事	幼儿未参与任何游戏或社会交往活动，只是随意观望自己感兴趣的情境。对所有情境都不感兴趣的幼儿或摆弄自己的身体，或走来走去，或跟从教师，或站在一边四处张望
旁观	幼儿基本上只观看其他幼儿做游戏，有时凑上去与正在做游戏的幼儿说话，或提问，或提供某种建议，但自己没有直接参与游戏
单独游戏	幼儿独自做游戏，只专注于自己的活动，不受他人影响
平行游戏	尽管其他幼儿在旁边做同样的游戏，幼儿仍独自做游戏，既不影响他人，也不受他人的影响，互不干扰
联合游戏	幼儿在一起玩同样的或类似的游戏，相互追随，但无组织与分工，每个幼儿都在做自己想做的事情
合作游戏	幼儿为达到某种目的组织在一起进行游戏，有领导、有组织、有分工，每个幼儿承担一定的角色任务，并且互相帮助

表 2-7　幼儿社会参与性活动观察记录表

幼儿代号	活动类型					
	无所事事	旁观	单独游戏	平行游戏	联合游戏	合作游戏
1						
2						
3						
4						
5						

　　观察者在规定时间内对每个幼儿观察 1 分钟，根据操作定义，判断每个幼儿所从事的活动类型，填写表 2-7。帕滕通过对观察资料的分析发现：幼儿的社会参与性行为发展随年龄的增长而表现出顺序性，即幼儿年龄较小时选择单独游戏，随着年龄增长，逐步发展到平行游戏，再发展到联合游戏和合作游戏。

二、时间取样法的操作要点

（1）明确观察目的，制订观察计划。需要明确观察任务是什么，观察哪些内容，观察范围有多大，是观察个别幼儿还是全体幼儿，观察的时间及场景，等等。

（2）确定所要研究的行为的操作定义，对如何观察或测定某一特定行为做出具体的规定和说明。

（3）设计和编制合适的记录表格。观察前要做大量的准备工作，其中记录表格的设计和编制是重点。记录表格要留有空白，便于记录预先未想到的其他重要信息，以及随时产生的想法和评价等，这些主观想法和评价应与客观记录区分开来。设计和编制记录表格的具体注意事项如下。

① 确定记录形式。要依据观察目的考虑是记录行为出现与否，还是记录有关行为的出现频率或行为持续的时间。

② 确定观察的时长，包括单位时长、总时长等。例如，每日观察 1 小时，对每个幼儿观察 1 分钟。

③ 权衡行为类型、观察时长、观察人数 3 个因素。观察记录的内容越多，在一定时间内可观察的对象就越少。如果观察的时长和时间间隔较短，观察人数和行为类型则不宜过多，否则会造成记忆和记录困难。通常情况下，在特定时间里，能够观察和判断的行为类型是有限的，一般不超过 10 类。因此，需要对全体幼儿进行观察时，若班级人数过多，可抽取一部分作为班级的代表。

④ 给观察的行为或事件编码。建立行为类型系统，把目标行为分解为具体的行为成分，简化记录形式。编码可以是代表行为或事件的词语的缩略语或汉语拼音。

（4）保证观察信度。运用时间取样法开展观察研究，通常需要做预备性观察，以培训观察者并进行信度检验，从而保证观察结果是可靠和有效的。运用时间取样法一般需要两个以上的观察者同时对某一行为进行观察，并计算观察信度，即保证观察的一致性。观察信度一般不得低于 0.80。

三、时间取样法的优缺点

时间取样法的优点体现在以下方面。

（1）节省资料收集时间。

（2）能够有效收集资料。

（3）可获得具有代表性的行为样本。

（4）观察前明确定义行为类型，提高所得资料的信度。

（5）可以同时观察多个样本。

（6）针对特定幼儿的特定行为可进行多次观察。

（7）有助于观察和记录出现频率高的行为。

时间取样法的缺点体现在以下方面。

（1）观察准备工作耗费较多的时间和精力。

（2）通过观察所得的资料，仅能获知各类行为出现的次数或频率，无法了解行为出现的整个过程。

（3）只能观察到幼儿的外显行为，无法了解行为的前因后果。

（4）不适用于观察出现频率低的行为。

第五节　事件取样法

一、事件取样法概况

事件取样法是指以预先选取的行为或事件作为观察样本，对某些特定行为或完整事件进行观察记录的方法。

时间取样法多用于确定行为或事件是否存在，而事件取样法则侧重于表现行为或事件的特点、性质，时间在事件取样法中仅仅用于说明行为或事件的持续性等特点。事件取样法不受时间的限制，因而可以研究的范围更加广泛。

二、事件取样法的操作要点

（1）明确要研究的具体行为或事件，确定其操作定义。通常情况下，这些行为或事件的出现频率应比较高，如幼儿的争执行为、幼儿之间的友好行为、幼儿对成人的依赖行为、幼儿的社交事件等。

（2）进行预备性观察，选择情境。了解这类行为或事件发生的一般情境，便于在适当的时机和场合进行观察。例如，观察幼儿的交往或游戏等行为，通常需要在非集体活动的时间里进行；研究幼儿的语言，通常需要在有成人或其他幼儿在场的情境下进行。

（3）确定需要记录的资料种类与记录形式。事件取样法的记录形式较灵活，可以采用提前编码记录，也可采用叙述性记录。有时，观察者亦可编制简便适用的记录表格。

🔍 案例 2-5

达维经过长时间的观察，共记录 200 例幼儿争执事件，这项研究是在自然情境中运用事件取样法进行的经典研究，是在幼儿园幼儿的自由活动时间里，对幼儿自发的争执事件进行观察和描述。达维对 40 名 2~5 岁的幼儿（女孩 19 人，男孩 21 人）进行了 58 小时的观察，记录争执事件 200 例，平均每小时发生争执事件 3~4 例。

（1）主要观察内容

① 争执者的姓名、年龄、性别。

② 争执持续的时间。

③ 争执发生的背景、原因。

④ 争执内容（玩具、领导权等）。

⑤ 争执者扮演的角色（侵犯者、反抗者、被动接受者等）。

⑥ 争执时的特殊言语或动作。

⑦ 结局如何（被迫让步、自愿让步、和解、由其他幼儿干预解决、由教师干预解

决等）。

　　⑧ 后果与影响（高兴、愤恨、不满等）。

　　（2）观察结果

　　① 68 例发生在室外，132 例发生在室内。

　　② 平均每小时发生争执事件 3～4 例。

　　③ 争执持续时间在 1 分钟以上的只有 13 例。

　　④ 平均争执持续时间不到 24 秒。

　　⑤ 室内争执持续时间比室外争执持续时间短，男孩卷入的争执多于女孩，男孩的攻击性水平也高于女孩。

　　⑥ 争执常发生在不同年龄、相同性别的幼儿之间，随着幼儿年龄的增长，争执发生的次数减少，侵犯性质增强。

　　⑦ 大多数的争执伴有动作，如冲击、推拉等。争执中，偶尔有幼儿大声喊叫或哭泣，但无声争执占大多数。争执发生的原因是幼儿对谁占有物品持不同的意见。大多数争执自行平息，往往是年龄小的幼儿被迫服从年龄大的幼儿或年龄大的幼儿自愿退出争执。争执平息后，幼儿迅速恢复常态，无耿耿于怀、愤恨的表现。

　　（3）达维的研究报告（部分）

　　在 40 名幼儿中，每小时要发生 3～4 次争执。这些争执都很短暂，平均持续时间不超过 24 秒。在 200 次争执中，只有 13 次的持续时间超过了 1 分钟。室内争执的持续时间比室外的要短，而且室内争执都被教师及时制止了。与男孩相比，女孩很少卷入争执，攻击性水平也较低。争执常常发生在不同年龄、相同性别的幼儿之间。然而，一旦男孩和女孩之间发生争执，只有 1/3 的争执能够得到和平解决。随着年龄的增长，争执发生的次数有所减少，而攻击性和反抗倾向都有所增强。在大多数争执中，为了占有某种物品而发生的争执，大多伴有动作，如冲击、推拉等。尽管有时在争执中会出现哭泣和阻止等有声的情况，但无声的争执占大多数。大部分争执是由参与者自行解决的，往往是年龄小的幼儿被迫服从年龄大的幼儿，或是年龄大的幼儿自愿退出争执。大多数情况下，幼儿在争执发生后，能够迅速恢复常态，很快就显得很兴奋，而不是不满。

　　上述报告对幼儿争执发生的频次和争执持续时间，特别是参与争执的幼儿的年龄差异、争执的类型、争执的解决方式及其后果等进行了分析。

三、事件取样法应用样表

　　下面以专断行为为例，介绍事件取样法应用样表。

1. 操作定义

　　专断行为是试图影响和控制别人，但并不会伤害别人的行为。专断行为包括命令、身体指导和暗示指令。

　　（1）命令：发出指令或告诉别人该做什么及怎样做，如"看着我下这个坡""给我那块大积木"。

（2）身体指导：通过身体的接触来指导别人的行为，如拉着手或搂着别人的肩膀，对他进行指导。

（3）暗示指令：不直接命令，而是通过建议或暗示的方式来对别人的行为进行指导，如"我们以后再做那件事"。

专断行为结果包括以下五种情况。

（1）服从：专断对象听从或同意专断行为。

（2）拒绝：专断对象拒绝听从专断行为。

（3）协商达成积极结果：专断对象提出自己的建议以抵制专断行为，两者互相让步。

（4）协商达成消极结果：专断对象提出自己的建议以抵制专断行为，但专断者拒绝让步，两者发生冲突。

（5）不予理睬：专断对象对专断行为不予理睬。

2. 观察指导

观察者首先选定一个有许多幼儿在自由交往的场景，预先理解和熟悉专断行为的定义；然后当看到专断事件发生时，观察并在记录表上做记录；最后尽可能详细地对事件发生的情境和其中具体的言语行为加以描述，在此基础上判断专断行为的类型和结果。专断事件取样方法样表如表 2-8 所示。

表 2-8　专断事件取样方法样表（专断事件记录表）

事件第　　　号	场景		日期		时间
					观察者
专断者（姓名）		年龄	性别		
专断对象（姓名）		年龄	性别		
情境（描述）：					
专断行为：					
命令					
身体指导					
暗示指令					
专断行为结果：					
服从					
拒绝					
协调达成积极结果					
协调达成消极结果					
不予理睬					
评价/分析：					

四、事件取样法的优缺点

事件取样法的优点主要体现在以下方面。

（1）基本了解行为或事件发生的过程。运用事件取样法，不仅可以获得有关行为或事件"是什么"的资料，还可以了解其背景、起因，得到有关"为什么"的线索，这有助于分析过程中可能存在的因果关系。

（2）节省收集资料的时间。每一次目标行为或事件出现时都可以及时记录。

（3）没有特别的限制条件，适用范围广。

事件取样法的缺点主要体现为：观察者集中观察特定行为或事件本身，注重行为或事件发生时的状况，因而不能充分掌握行为或事件发生的前提、情境等全部信息。

第六节 等级评定量表法

一、等级评定量表法概况

等级评定量表法是对观察对象进行观察后，对其行为所达到的某种水平进行评定的一种较为简单的观察方法，能够把观察结果数量化。

运用等级评定量表法的关键是确定等级标准。一般来说，等级评定量表法需设置4个或4个以上的等级，观察者可以从行为发生的频率或行为强度及优劣程度来制定等级标准，如频率选项（总是、经常、有时、极少、从未）、强度选项（非常、相当、尚可、相当不、非常不）、优劣选项（优、良、中、差），也可以用字母和数字（A，B，C，D；1，2，3，4）来描述，还可以用词语（反应很强烈、反应一般、无反应）来描述。这种方法可以当场评定，也可以观察之后根据综合印象评定。从严格意义上说，等级评定量表法不是一种观察方法，而是一种评估方法。

比较客观的方式是事先确定各等级的具体标准，由多个观察者当场评定之后，得出各方一致同意的评定结果。

二、常见等级评定记录样表

常见等级评定记录样表如表2-9和表2-10所示。

表2-9　幼儿社会性行为等级评定记录表

观察评定指标	等　　级			
发起活动的能力	优	较好	较差	差
注意力	优	较好	较差	差
好奇心	优	较好	较差	差
抗挫折能力	优	较好	较差	差
与其他幼儿的交往情况	优	较好	较差	差
遵守日常规则情况	优	较好	较差	差
师幼关系	优	较好	较差	差
与其他成人的关系	优	较好	较差	差

表 2-10　幼儿饮食行为等级评定记录表

观察对象：　　　　观察者：　　　　　观察方法：等级评定量表法　　　　观察记录时间：

类目	项目	经常	偶尔	很少	从不
进餐前	认真洗手				
	安静等待吃饭				
进餐中	正确使用餐具				
	保持正确的就餐姿势				
	细嚼慢咽				
	不挑食，不偏食				
	进餐速度合理				
	不说笑打闹				
	不乱扔食物残渣				
进餐后	将饭桌收拾干净				
	擦嘴				
	漱口				

三、等级评定量表法的优缺点

等级评定量表法的优点是适用范围广泛，操作简单，比较经济。等级评定量表法的缺点是：其本质上是主观的，结果常受观察者的主观偏见影响；由于观察者对等级标准的理解不一致，这容易造成评定等级的误差。

四、等级评定量表法的使用注意事项

1. 等级评定量表法应在多次观察的基础上使用

观察者最好与观察对象有较长时间的直接接触，以排除观察的偶然性和片面性，增强观察的客观性和可靠性。一般来说，接触时间越长，观察次数越多，就越能全面认识观察对象，评定的等级越准确。

2. 整体评定与分析评定结合起来使用

整体评定是对一个问题进行整体的而不是局部的评定，关注的是整体的质量，以总体印象为基础。分析评定是把一个问题分成若干部分分别进行评定，关注的是局部的特征。

3. 最好由两个或两个以上条件相当的观察者进行评分

如果两个观察者给出的评分有差异，可由第三个观察者重新评定或两者通过商量达成一致意见。多个观察者的评分差异，可采用取平均分来消除；也可去掉一个最高分和一个最低分，再取平均分。

第七节 行为检核法

一、行为检核法概况

行为检核法又称清单法，是把要观察的行为排列成清单，然后通过观察、检核该行为是否出现的一种方法。一般来说，记录形式是二选一，即设置"有"或"无"、"是"或"否"等选项。行为检核法是教师比较常用的观察记录方法之一，因为它实用性较强。教师可以不受情境的限制，随时进行记录。运用行为检核法可记录一群幼儿某一方面的行为能力，也可记录个别幼儿某一方面的行为能力。行为检核表可以在对幼儿行为进行现场观察时使用，也可以在非现场观察时使用。

实施行为检核法之前必须编制观察表格，即观察清单，列出要观察的具体行为，根据幼儿的行为发展情况制定检核的行为指标。

《3-6岁儿童学习与发展指南》（以下简称《指南》）的目标部分分别对3～4岁、4～5岁、5～6岁3个年龄段末期幼儿在健康、语言、社会、科学和艺术等领域应该知道什么、能做什么，大致可以达到什么发展水平提出了合理期望，指明了幼儿学习与发展的具体方向。观察者可以据此设计出相应的幼儿行为检核表来了解幼儿在各个领域的发展状况。

二、行为检核法样表

幼儿发展检核表如表2-11所示。

表2-11 幼儿发展检核表

填表人姓名：　　　　　　检核单位：　　　　　　电话：

填表人身份：□ 医疗人员　　　□ 教师　　　□ 社工人员　　　□ 家长　　　□ 其他

检核日期：　　年　　月　　日

幼儿姓名：

性别：□ 男　　□ 女　　出生日期：　　年　　月　　日

实足年龄：　岁　个月　天（请务必填写）

住址：

联系电话：

发展里程检核（每个幼儿须根据实足年龄选择适当的年龄层项目组检核）：幼儿符合该项目描述的现象，圈选"是"；不符合该项目描述的现象，圈选"否"。

能否凭借外物轻易地蹲下，然后恢复站姿（动作）	能	否
能跑（姿势怪异或常跌倒均不算通过）（动作）	能	否
能双脚离地跳跃，即双脚必须同时离地然后同时着地，若明显的力量不对称而造成两脚高低不一，则不算通过（动作）	能	否
能扶着墙壁或栏杆走上楼梯，而且一脚一阶（动作）	能	否

能使用剪刀将纸（约 15 厘米×15 厘米）剪下一半（不一定要沿着直线剪）（动作）	能	否
能看图模仿画圆形（线条稳定，非锯齿状或螺旋状才算通过）（动作）	能	否
日常生活中的简单对答没有明显困难，不会表现出听不懂而常常答非所问的样子（社会、认知、语言）	能	否
能用句子表达，虽然说话不流畅	能	否
能说出 2 种颜色的名称（用手依序指着带颜色的圆圈并问"这是什么颜色？"）（认知、语言）	能	否
能听懂 3 个空间关系词（先引导幼儿注视图片上牛和小鸟的位置，依序问哪只鸟在牛的上面、下面、前面、后面），须指对 3 个才算通过（认知、语言）	能	否
能玩"过家家"或"假装"（如假装自己是公主、超人等）的游戏（认知）	能	否

三、行为检核法的优缺点

行为检核法的优点表现为：它可以让观察者快速而有效地记录行为是否出现，操作起来方便易行，观察记录的内容既可以用来判断幼儿的身心发展状况，也可以用来评价教育指导产生的效果；教师经常可以用行为检核表告诉家长幼儿的发展状况，让家长看到幼儿的进步和不足；同时，行为检核法适用范围较广，还可以与其他观察记录方法结合使用，如时间取样法、事件取样法等。

行为检核法的缺点表现为：由于行为检核法只能用来判断行为出现与否，而不能提供行为产生的原始资料，如特定行为"在什么情况下发生""为什么会发生""后续结果怎样"，因此，在使用这种方法时，观察者需要根据观察目标，结合其他观察记录方法，以优化观察效果。

第八节　数码影音工具辅助记录

随着科技的不断发展和数码工具的普及，录音机、录像机、相机等数码影音工具在幼儿行为观察中的应用越来越广泛，逐渐成为幼儿行为观察记录过程中越来越重要的辅助工具。

一、数码影音工具辅助记录的特征

直接观察与文字记录作为常用的观察记录方式，往往因其对观察者记忆的依赖而存在不足，具体表现为：观察者可能会因为记忆力与注意力有限，而遗漏重要的细节；观察者在当时无法理解观察到的行为的意义与重要性，因此无法用适当的文字将其记录下来。这些不足都可以通过运用数码影音工具来弥补。数码影音工具辅助记录具有如下特征。

1. 生动与丰富

现场的事件，如果加入图片来说明，会更加生动，更能引起人们的兴趣。例如，在教学活动过程中，如果能在重要时刻将幼儿的参与状况、反应与表情拍摄下来，可以让读者更容易了解关于教学的文字描述，并看到教学进行时幼儿的反应与教学成效。相机可记录所观察的事物，而且不会在记录中加入观察者自身的反应。

2. 弥补文字的不足

语言、声音（如幼儿的歌唱表现），或说话时的情绪、语气，有时候无法用文字准确描述。这时，可以用录音的方式将语言或声音记录下来。而参与活动时的情绪、表情、身体姿势等社会心理学中的非语言沟通行为，则适合用照相或录像的方式来记录。

3. 克服观察者记忆力与注意力的限制

观察者的记忆力与注意力有限，而照相、录音、录像都是很方便的记录方式。例如，一边录音一边访谈，或在日常生活中通过录像来记录事件的发生，可以留下更具体、更丰富的记录，以便事后进一步用文字做记录与分析。

4. 提供更加自然的幼儿行为观察场景

借用数码影音工具辅助记录，教师可以"离开"观察现场，从而观察到幼儿在教师不在场时的一些行为，这些行为在有成人看护的时候往往不会出现或不易被观察到，这样教师便可以获取更加真实、丰富的幼儿行为信息。

5. 提供具体的影音记录以便进行客观分析与说服他人

影音记录可以为不在场的人提供与观察者的文字记录不同的现场，避免只依赖文字记录或受观察者的观点影响而可能产生的偏向。影音记录可以提供更具体的证据作为行为分析与诠释的依据，并用来佐证推论与分析结果。

6. 反复观看以进行自省与评鉴

拍摄幼儿的行为过程，再将录制好的影片进行播放，可用于幼儿自我评定、幼儿同辈评定、教师教学评鉴等。

二、使用数码影音工具辅助记录的注意事项

1. 排除数码影音工具造成的干扰

数码影音工具如果使用不当，可能对观察对象造成不同程度的干扰。例如，幼儿发现了数码影音工具，注意力分散，但原有活动仍在进行；幼儿完全忘记原活动，谈论或研究起数码影音工具。因此，观察前要做好充分细致的准备工作，尽量避免数码影音工具的出现打乱正常活动或分散幼儿注意力的情况。

2. 及时进行资料整理与备份

照相、录音或录像完成后，应将资料及时整理出来，同时用文字对数码影音工具所记录的资料进行命名、归类，否则可能因时间间隔过长，观察者忘记了照相、录音或录像过程中的某些环节，而不能确保对观察内容的完整记载。同时，观察者还要对保存的照片、音频、视频等进行备份，以保证资料损坏或丢失后能够被找到。

课后练习

1. 日记描述法、轶事记录法和实况详录法的含义和优缺点分别是什么？

2. 简述事件取样法、时间取样法的操作要点。这两种方法的区别体现在哪些方面？

3. 等级评定量表法的使用注意事项有哪些？

4. 数码影音工具辅助记录的特征体现在哪些方面？

5. 在幼儿园见习期间，选择 2～3 名幼儿，用轶事记录法对其区角游戏行为进行观察记录和分析。

实训任务

1. 请在抖音、微信视频号等短视频平台查找幼儿的视频，运用轶事记录法或实况详录法记录该幼儿的行为。

2. 请设计一个日常生活行为检核表，记录和分析自己和舍友的日常生活行为。

03

第三章
幼儿行为分析与指导

素质目标

1. 树立科学的儿童观、教育观和评价观。
2. 树立为国家、社会和家庭培养优秀人才的职业理想。

知识目标

1. 了解幼儿行为分析与指导的内涵。
2. 掌握幼儿行为分析与指导的实施要点。
3. 掌握幼儿行为分析与指导的理论依据。
4. 掌握幼儿行为分析与指导的原则。

能力目标

1. 能够根据幼儿行为分析与指导的实施要点对幼儿行为展开分析与指导。
2. 能够根据幼儿行为分析与指导的原则开展幼儿行为分析与指导。

学海导航

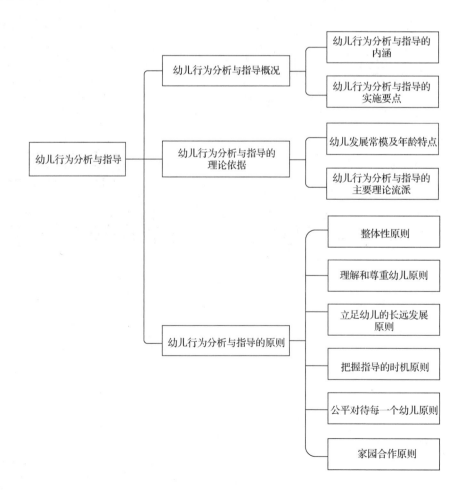

　　行为指导是指成人为促进幼儿良好行为的发展而采取科学有效的引导、培养、塑造、干预、矫正等教育方法和策略的过程。行为指导包括幼儿积极行为的培养与塑造和幼儿消极行为的干预与矫正。

　　本章是幼儿行为分析与指导的理论概述部分，主要讲解幼儿行为分析与指导的内涵和实施要点、幼儿行为分析与指导的理论依据，以及幼儿行为分析与指导的原则等，为接下来的幼儿行为分析与指导实践奠定理论基础。

第一节　幼儿行为分析与指导概况

一、幼儿行为分析与指导的内涵

　　幼儿的行为是指幼儿在主客观因素的影响下产生的活动。依据直接的观察，我们可以把幼儿的行为简要概括为动作、语言、表情、神态，以及幼儿心理活动等。

　　行为指导不仅有助于幼儿建立符合社会要求的行为规范，而且对其良好、积极的情绪和情感的形成，以及认知、学习与社会性发展也起着重要的作用。行为指导的重要性主要表现在以下 3 个方面。

　　（1）帮助幼儿形成良好的行为规范。行为规范是幼儿学习、社交等多方面活动的基础。没有行为规范，幼儿的学习就会变得混乱无序，幼儿在社交中也可能会经常与他人发生冲突与争执等。因此，良好的行为规范不仅是影响幼儿学习的重要非智力因素之一，而且对幼儿的日常活动起着指导与调控作用。

　　（2）调整与改善幼儿不良的行为习惯。由于幼儿家长不适宜的教养方式，幼儿可能会形成一些不良的行为习惯，这些不良的行为习惯不会随着年龄增长而自然消失。因此，教师需要有意识地对幼儿进行指导与培养，帮助其调整与改善不良的行为习惯。

　　（3）帮助幼儿形成良好的行为，适应当下及将来的日常生活和社会生活。如果幼儿不能形成良好的行为习惯，那么他在日常生活和社会生活中就会感到不适应。因此，行为指导不仅有助于幼儿适应当前的生活、学习和社交活动，而且有助于他们形成与发展良好的行为习惯、积极的情绪状态、较强的社会能力等，还有助于他们今后健康发展。

二、幼儿行为分析与指导的实施要点

（一）观察、收集行为信息

　　观察是指导幼儿行为的基础，开展观察需要注意以下几个方面。

1. 明确观察目标和制订观察计划

　　只有明确观察目标和制订合理的观察计划，才能使观察免于盲目。在实际操作中，教师可以根据观察目标，选择合适的观察记录方法和观察情境。有时，为了完成观察目标，教师往往需要全方位、多情境进行观察，也会选择多种观察记录方法。例如，要观察一个爱发脾气的幼儿，那么就要在一天的不同时段观察他，判断他是一整天都在发脾气，还是只在某个特别的时段或特殊情境下发脾气。又如，想观察幼儿的亲社会行为，可以在集体或区角活动

中观察幼儿，还可以在入园、午餐、角色扮演游戏等环节中观察幼儿。

当然，有时候观察并不是事先计划好的，在幼儿的日常生活中有许多随机的、有价值的情境可以观察。

2. 充分、科学地观察和记录幼儿的行为

在明确观察目标后，教师需根据观察计划充分、科学地观察和记录幼儿的行为。有时，需要根据情况对幼儿进行多次观察，为后续分析和评价幼儿行为提供全面、充分的依据。一般来说，在相同条件下，观察次数越多，观察的精确度就越高。

3. 进一步获取幼儿的行为信息

为了全面深入地了解幼儿的行为及行为背后的意义，为下一步正确评价、分析幼儿的行为做准备，教师可以通过与幼儿进行语言交流了解幼儿真实的想法及其对事物的理解。

同时，家庭是幼儿学习和生活的重要场所。教师要积极与家长沟通合作，收集家庭生活中幼儿行为的相关信息，全面了解幼儿行为的水平和特点。

（二）评价、分析幼儿的行为

全面获取幼儿的行为信息后，教师要对幼儿行为进行评价与分析，可以从以下几个方面着手。

（1）评价幼儿的发展水平。

（2）根据观察结果总结"行为模式"。例如，在区角活动中对材料的运用、与其他幼儿的互动、发起活动或被动接受其他幼儿制定的游戏规则等。

（3）分析行为观察结果的意义和重要性。

（4）分析幼儿行为产生以及发展超前、正常、滞后的原因。

一般来说，影响幼儿行为的因素包括内部因素和外部因素两大方面。在分析幼儿的行为时，需要综合考虑下列影响幼儿行为的因素。

（1）内部因素。

① 幼儿身心发展水平。

② 心理特征（认知风格、气质类型等）。

③ 性别。

④ 幼儿的健康状况。

⑤ 遗传因素。

（2）外部因素。

① 出生顺序和兄弟姐妹。

② 家庭因素（家庭经济状况、父母情况、教养方式、亲子关系等）。

③ 幼儿园因素（教师、同伴、物理环境等）。

④ 社会因素（社会氛围、大众媒体等）。

⑤ 应激事件（亲人生病、受伤、死亡等）。

（三）指导幼儿的行为

1. 确定行为指导的目标

（1）教师可以根据幼儿发展水平，确定随后的指导目标。

（2）教师可以根据行为分析的结果，确定随后的指导目标。

2. 采取多种行为指导的策略

确定指导目标后，教师可以根据不同理论，结合不同领域的幼儿行为特点进行有针对性的指导。例如，行为主义理论强调改变环境、观察学习等；精神分析理论强调发泄、运动、游戏的作用；皮亚杰认为提供符合幼儿发展需求的环境，提高幼儿的认识水平可以改变其行为；维果茨基认为在幼儿的最近发展区开展假装游戏、集体讨论等有助于幼儿的学习。

教师对幼儿行为的观察和指导往往是一个"观察→分析→指导→再观察→再分析→再指导"的循环往复的过程。

第二节 幼儿行为分析与指导的理论依据

教师评价、分析、指导幼儿行为的方法，通常为常模法，并以各种理论为基础。由于不同的理论有不同的立场，因此，运用不同的理论对幼儿行为进行指导，其原则与方法也不尽相同。自 20 世纪 70 年代以来，各种行为指导学派的主张、观点与方法有融合的趋势。教师发现，源自各种理论的诸多方法的综合使用对幼儿行为培养、干预与塑造更为有效。

一、幼儿发展常模及年龄特点

掌握幼儿发展常模及年龄特点，可以帮助教师评价幼儿的发展水平，确定指导目标。

我国尚没有较权威的幼儿发展常模，但是《指南》提供了符合我国幼儿发展情况的评价参考，同时也给出了详尽的指导目标和教育建议，具有非常重要的指导意义和参考价值。但需要注意的是，《指南》不是测量儿童发展水平的标尺，更不是评价标准。

幼儿健康目标可参考表 3-1。

表 3-1　幼儿健康目标节选

3~4 岁	4~5 岁	5~6 岁
（1）情绪比较稳定，很少因一点儿小事哭闹不止。 （2）有比较强烈的情绪反应时，能在成人的安抚下逐渐平静下来	（1）经常保持愉快的情绪，不高兴时能较快缓解。 （2）有比较强烈的情绪反应时，能在成人提醒下逐渐平静下来。 （3）愿意把自己的情绪告诉亲近的人，一起分享快乐或求得安慰	（1）经常保持愉快的情绪。知道引起自己某种情绪的原因，并努力缓解。 （2）表达情绪的方式比较适度，不乱发脾气。 （3）能随着活动的需要转换情绪和注意力

针对表 3-1，我们可以总结出以下教育建议。

（1）营造温暖、轻松的心理环境，让幼儿形成安全感和信赖感，具体体现在以下几个方面。

① 保持良好的情绪状态，以积极、愉快的情绪影响幼儿。

② 以欣赏的态度对待幼儿。注意发现幼儿的优点，接纳他们的个体差异，不与同伴做横向比较。

③ 幼儿做错事时要冷静处理，不厉声斥责，更不能打骂。

（2）帮助幼儿学会恰当表达和调控情绪，具体体现在以下几个方面。

① 成人用恰当的方式表达情绪，为幼儿做出榜样。例如，生气时不乱发脾气，不迁怒于人。

② 成人和幼儿一起谈论自己高兴或生气的事，鼓励幼儿与人分享自己的情绪。

③ 允许幼儿表达自己的情绪，并给予适当的引导。例如，当幼儿发脾气时不硬性压制，等其平静后告诉他什么行为是可以接受的。

④ 发现幼儿不高兴时，主动询问情况，帮助他们化解消极情绪。

二、幼儿行为分析与指导的主要理论流派

（一）认知主义理论流派

瑞士心理学家皮亚杰提出了幼儿认知发展的阶段，奠定了认知理论的基础。皮亚杰认为学习就是转变旧的经验、建立新的经验以发展新知识的过程，幼儿的学习是对自己的动作和周围环境的探索。

因此，教师要以归纳推理的思路来培养幼儿逻辑思考的潜能以及自主探究的能力。通过逻辑及推理，教师帮助幼儿了解他的行为对他人的影响，重点在于引导幼儿了解他人的权利及感受，而不是对幼儿进行惩罚式的训诫或限制；此外，还能让幼儿有许多机会做决定及体验这些决定带来的结果。逻辑推理及做决定的机会可以帮助幼儿发展自我控制能力。这样，幼儿的行为会逐渐与内在实现统一，而不仅仅是做别人叫他做的事情。

结构主义理论开始考虑他人对幼儿学习的影响，形成了社会结构模型。美国教育心理学家布鲁纳提出了"鹰架"概念。他认为家长或同伴能够帮助幼儿使学习变得更加可操控——尤其是在幼儿学习新知识的时候。例如，在指导幼儿解决问题时，家长或同伴可以帮助幼儿学会通过提问来解决问题。

心理学家维果茨基的理论也包含对幼儿指导的建议。他提出的社会文化理论认为幼儿是通过与他所处的环境的互动来进行学习的。幼儿在和成人及能力较强的同伴互动时的学习能力和效果要远远优于单独学习。他把幼儿自己学到的知识和幼儿在他人帮助下学到的知识之间的距离称为"最近发展区"。他强调为幼儿提供经验，给幼儿足够的指导，使他们能够学习新的技能。这适用于幼儿学习知觉动作技能，如益智拼图；学习大肌肉动作技能，如学骑三轮车；学习社会技能，如学会分享；等等。

（二）人本主义理论流派

人本主义理论流派虽然也关注幼儿行为的转变，但更突出强调成人对幼儿及其行为的引导与支持，成人与幼儿之间所有的互动必须基于尊重和愉悦。正如人本主义心理学者所主张的为了帮助幼儿建立积极的行为，改变不良的行为，成人在教育教学中应与幼儿创设良好的关系。成人要真诚地与幼儿交往，因为只有在自由、轻松的氛围下，幼儿才能心情愉快、活泼开朗，从而产生积极的行为。

例如，美国心理学家托马斯·戈登在《父母效能训练》中所提倡的观点便是以人本主义理论为基础。他提出首先要明确问题的归属，当幼儿"拥有"自己的问题时，成人必须尊重

幼儿提问的权利和解决问题的能力。因此，成人不应劝告、说教、引导幼儿，而应积极倾听，将幼儿传递的信息返给他们，如"听起来你很生气，是因为他们不带你玩吗"这样的反应可以提醒成人自己和幼儿正在沟通什么；同时，成人应该让幼儿自己去解决问题。当成人"拥有"问题时，则需用不同的方法。成人应该用"我……"这样的句式告诉幼儿，他们的动作给成人带来的感受如何，如"当我看到积木被丢在地上时，我担心有人会踩到、滑倒、受伤，这样让我很生气"；而不应该用"你……"这样的句式，如"你没有收拾好积木，你真不负责任！"

人本主义理论提醒我们，在指导幼儿行为时要给予他们极大的关注和尊重，要仔细倾听他们的想法、坦诚说出自己的感受，不要用贬低、羞辱、嘲笑等方法应对幼儿的问题行为。

（三）行为主义理论流派

行为主义理论认为，行为不论适当与否，都是幼儿对其所在环境及环境中的人的反应方式。当幼儿与同伴或成人互动时，他是在社会情境中学习反应方式，并学习他人如何回应自己的社会行为。最终，幼儿调整自己的行为以满足他人的期待。在行为主义理论流派看来，适当的行为如果被强化，则会继续维持原样；问题行为如果被强化，则会继续产生；两种行为如果都没有被强化，则都会被清除。

幼儿的许多问题行为因幼儿想引起他人的注意而持续被强化，许多适当的行为则因为受到成人忽视而中断。

美国心理学家班杜拉所倡导的社会学习理论便秉承了行为主义理论流派的主张，他认为：幼儿通过观察模仿他人的行为，学习如何对各种情境做出反应。例如，幼儿因教师和同伴的示范而表现出关心他人、讲礼貌等行为。幼儿特别喜欢模仿他们所认同的人的行为模式。此外，幼儿看到同伴被奖励，会更容易对同伴的榜样行为进行模仿。

行为主义认为，幼儿出现问题行为是一种正常的情况，是因为他们的社会经验有限。成人要用系统的方法，将幼儿的问题行为转变为较适当的行为。例如，教师可以通过奖励幼儿受欢迎的适当的行为来促进其积极行为的建立。而另一种有效促进幼儿建立积极行为的方法是忽视幼儿的问题行为。需要注意的是，在幼儿的问题行为给他人带来危险的时候，教师一定不能置之不理。

（四）精神分析理论流派

精神分析理论源于奥地利心理学家弗洛伊德的研究，其对于幼儿问题行为产生的原因提出了不同的观点和相应的解决方法。该理论强调分析问题行为产生的根本原因。《孩子：挑战》一书的作者之一是美国心理学家德雷克斯，他认为幼儿所有的问题行为产生的原因都可以归结为以下4个：幼儿希望获得关注，向成人争取权利，想要反抗成人，感到无助或无法达到成人的期望。在改变问题行为方面，德雷克斯提倡用鼓励的方式和设置合理的后果，而不是用奖赏和惩罚。

基于精神分析理论，美国学者埃里克森提出了心理社会发展阶段理论。根据此理论，成人必须清晰了解幼儿在每一个发展阶段的需求，认识到各个发展阶段幼儿所面对的任务。例如，婴儿期（0～1.5岁）的发展任务是获得信任感，克服不信任感，体验希望的实现。因此，为了发展婴儿的信任感，成人需提供一个始终如一且充满爱的环境。强烈的信任感是建立积极关系和进行行为指导的必要基础。儿童期（1.5~3岁）的发展任务是获得自主感并克服羞怯和疑虑感，体验意志的实现。因此，幼儿需要在安全、有爱、合理的环境中练习独立自主。如果他们无法实现独立自立，他们将带着羞怯和疑虑感进入下一个阶段。学龄初期（3~6岁）的发展任务是获得主动感，克服罪疚感，体验目的的实现。因此，幼儿需要在没有成人的责难和批评的情况下满足好奇心，尝试新的冒险；如果失败，则会造成他们的退缩。

精神分析理论流派给予教师的启示是，当幼儿产生问题行为时，要谨慎地检视产生这一行为的原因有哪些。通常，幼儿的问题行为是对他们无法控制或无法了解的情境的反应，如父母的离异、健康问题等。教师努力推测出引发幼儿问题行为的原因后，就能有效地处理这些问题行为。

第三节　幼儿行为分析与指导的原则

一、整体性原则

幼儿行为是一个整体，之所以将其分成多个发展领域，是为了给教师提供一个认识幼儿行为的框架。幼儿行为主要分为5个发展领域，即身体动作、智力发展、情绪情感、社会性互动、语言刺激。每个发展领域之间相互联系，相互影响，相互融合。5个发展领域以整合的方式，共同影响着幼儿的发展。因此，教师在分析与指导幼儿行为时，要从多个发展领域找原因、做评价、找对策。

二、理解和尊重幼儿原则

（一）理解和尊重幼儿的身心发展规律

幼儿的发展是一个持续、渐进的过程，同时也表现出一定的阶段性特征。教师在行为观察与指导前要了解幼儿的身心发展规律，一切从有利于幼儿发展的角度出发，只有尊重幼儿的身心发展规律，才能正确地解读和科学地指导幼儿的行为。

（二）理解和尊重幼儿的个体差异

不同幼儿的学习方式和发展速度各有不同，不同幼儿在不同的学习与发展领域的表现也存在明显差异。幼儿年龄越小，个体差异就越明显。教师不能用固定的标准来衡量所有幼儿的发展水平，不应要求幼儿在统一的时间达到相同的水平，而应允许幼儿按照自身的速度和方式达到某些参考标准所呈现的发展"阶梯"。因此，教师在依据幼儿发展常模与《指南》标准评价幼儿时，应理解和尊重幼儿的个体差异，允许幼儿存在这种差异，要因材施教，耐心运用各种方法鼓励、指导和帮助幼儿，使每个幼儿都能得到较好的发展。

（三）尊重幼儿的人格与权利

幼儿作为独立的人，拥有独立的人格和法律所赋予的姓名权、肖像权、名誉权、荣誉权和隐私权等。教师在进行行为观察与指导时应当尊重幼儿的人格和权利，不能因为其年龄小就无视幼儿的人格和权利。

三、立足幼儿的长远发展原则

《纲要》明确指出："幼儿园教育是基础教育的重要组成部分，是我国学校教育和终身教育的奠基阶段。城乡各类幼儿园都应从实际出发，因地制宜地实施素质教育，为幼儿一生的发展打好基础。"因此，教师对幼儿行为的指导不仅要满足幼儿当前的需要，更要立足幼儿发展的长远目标，注重对幼儿品质的培养。

四、把握指导的时机原则

指导的时机是否恰当关系到指导的实际效果。指导的时机恰当，有助于幼儿形成良好的行为规范和行为习惯；反之，可能会抑制他们的发展。指导的时机是否恰当取决于两个因素：一是教师的期待，主要指教师希望幼儿在活动中表现出的发展水平；二是幼儿的需求，主要指幼儿的行为是否自然顺畅，他们是否希望得到帮助。教师不确定是否需要指导幼儿时，不妨先对幼儿的行为进行细致的观察。

五、公平对待每一个幼儿原则

教师在指导幼儿时应力求公平、一视同仁。作为专业教育者，教师与家长的区别在于家长对子女的爱是专门的、特定的；而教师则需要将自己的时间和精力给予全体幼儿，并保证他们享有同等的教育机会。

六、家园合作原则

家庭是幼儿活动的主要场所之一。家长的指导对幼儿良好行为的养成和问题行为的改善起着至关重要的作用。因此，教师在指导幼儿行为时要想达到理想的效果，就必须和幼儿家长合作。

（一）家园合作有助于家长树立科学的家庭教育观

家长是幼儿的第一任教师，也是终身教师。家长对幼儿的影响，是经常性的、牢固而深刻的。家长是幼儿最亲近的人，家长的行为会对幼儿产生潜移默化的影响。家长的脾气性格、文化修养、道德观念、个性特点对幼儿的成长起着举足轻重的作用。幼儿善于模仿，模仿产生的效果好坏，取决于他所模仿的对象是怎样的，所以家长具有不可推卸的教育责任。教师应加强与家长的情感沟通与信息交流，使家长逐步意识到自己也是幼儿教育的主要参与者，自己有责任与教师合作，共同促进幼儿的全面发展。

（二）家园合作有利于全面观察幼儿的行为并发现行为背后的原因

通过家园合作，教师可以从家长处获取更多有关幼儿的有效信息，从而可以更全面地了解幼儿的行为，与家长就幼儿的行为进行深入讨论，进而找到幼儿行为背后的原因。

（三）幼儿的行为指导措施需要家长的配合

对幼儿的行为指导不是一蹴而就的，而是一个系统工程，既需要教师耐心恰当的指导，又需要家长全力配合。所以教师在进行幼儿行为指导时一定要争取家长的全力配合，双管齐下，才能达到满意的效果。

课后练习

1. 幼儿行为分析与指导的实施要点有哪些？
2. 简述幼儿行为分析与指导的理论依据。
3. 谈谈幼儿行为分析与指导的原则。

实训任务

1. 刚入职两个月的幼儿教师李老师，在微信朋友圈发布了幼儿的游戏视频片段，业务副园长看到后要求她删除。李老师很委屈，觉得自己发的是幼儿表现优秀的视频，既可以鼓励幼儿，又可以让家长看到幼儿园及教师对幼儿的爱心和用心。请分析此案例，并模拟业务副园长与李老师的交流过程。

2. 在图书馆或上网查找不同幼儿行为分析与指导的理论流派的详细信息，对代表人物的作品进行深入阅读，为后面的幼儿行为观察、分析与指导做好充分准备。

04

第四章
幼儿日常生活中的行为观察
分析与指导

素质目标

1. 进一步强化科学的儿童观、评价观。
2. 逐步提升观察中的主动性、敏感性、全面性。

知识目标

1. 理解幼儿日常生活中的行为观察的意义。
2. 掌握幼儿日常生活中的行为观察要点。
3. 掌握幼儿日常生活行为的影响因素及指导策略。

能力目标

1. 能根据观察要点观察、记录与评价幼儿日常生活行为。
2. 能根据观察记录的幼儿日常生活行为存在的问题，分析原因并提出合理的教育建议。

学海导航

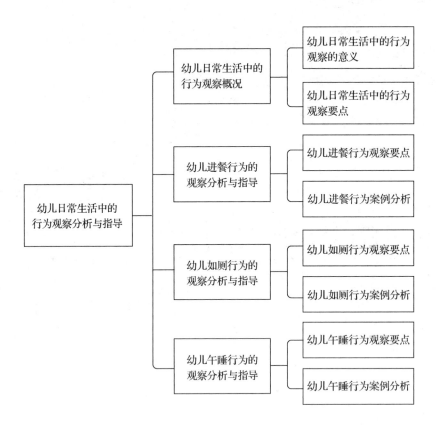

本章主要讲解幼儿日常生活中的行为观察分析与指导，涉及幼儿进餐、如厕、午睡等行为，并结合具体案例分析幼儿日常生活行为的常见问题、影响因素以及指导策略。

第一节　幼儿日常生活中的行为观察概况

在幼儿园的日常生活中，幼儿行为主要包括入园、离园、如厕、进餐、午睡、穿脱衣物、盥洗等。这些行为看似平常，却有着非常重要的意义，因为幼儿的学习与成长是从生活开始的，良好的生活习惯可以让幼儿更快、更好地适应集体生活和社会生活，对幼儿的发展影响深远。

一、幼儿日常生活中的行为观察的意义

教师通过观察和记录幼儿的日常生活情况，可以了解每个幼儿的表现，及时做出相应的分析，并根据每个幼儿的个性差异给予不同的指导与帮助，引导幼儿在游戏中学习生活、学会生活，在生活中学习、成长和发展。

同时，幼儿日常生活中的行为也会传递出许多有价值的信息。例如，幼儿的个性、认知等方面的信息可以通过日常生活中的行为传递出来；而焦虑、压力大、饥饿、身体状况不佳、生活不安定、家人生病或死亡等应激事件，也会通过日常生活中的行为表现出来。对父母离异的幼儿进行日常生活中的行为观察，发现相当比例的幼儿可能存在尿床、口吃等问题行为。

二、幼儿日常生活中的行为观察要点

（一）了解行为发生的原因

了解行为发生的原因，也就是了解这些行为为什么发生。行为发生的原因，可能是幼儿本身的原因，也可能是外界的原因。这些原因可能非常明显，也可能难以发现。

例如，针对幼儿小便这一行为，可以从以下几个方面寻找原因。

（1）幼儿是自己要求去小便还是在教师的要求下去小便？

（2）教师是否要求全班幼儿都去小便？

（3）幼儿是否因为看到别人去小便才跟着去小便的？

（4）幼儿是否还有其他去小便的原因（如对正在进行的活动不感兴趣，以小便为借口逃避）？

由此可见，幼儿小便行为发生的原因有多种，既可能来自自身因素，也可能来自外界因素。这些原因可能相当明显，如教师要求每个幼儿都去小便；也可能并不明显，如幼儿对正在进行的活动不感兴趣，以小便为借口逃避。

（二）了解行为发生的环境

行为发生的环境也是影响行为的因素之一。所以，行为发生时要注意观察周围的环境，没有任何行为是可以脱离现实环境而无缘无故发生的。

例如，讨论"幼儿饮水时的环境如何"时需要注意以下几个方面。

（1）饮水前幼儿所处环境的气温是高还是低？

（2）周围的设施设备怎么样？

（3）这些设施设备是怎样影响幼儿行为的（可关注饮水处的环境、饮水设备是否安全方便、幼儿饮水时所处环境的拥挤程度等）？

（4）幼儿附近有哪些人？他们（包括对幼儿重要的成人、幼儿的朋友或幼儿不喜欢的人）在做什么？

可以看到，环境既包括设施设备，也包括"人"这一重要因素。

（三）了解幼儿的反应

除了了解行为发生的原因以外，还要了解幼儿的反应，可以从以下几个方面观察幼儿的反应。

（1）如果活动是由教师发起的，幼儿的反应如何（是积极参与，还是勉强接受，抑或是非常抗拒）？

（2）如果活动是由其他幼儿发起的，幼儿有何反应？

（3）如果活动是由幼儿自己发起的，他是如何做的？

（4）幼儿对活动是否有特殊的反应？

（5）幼儿在活动中是否受他人（教师或其他幼儿）的影响？

（6）幼儿在活动中是否认真？是否表现出兴趣？

（7）幼儿是如何完成该活动的（是轻松地、忙乱地、笨手笨脚地，还是熟练地、有技巧地）？

（8）幼儿的能力是否胜任该活动？其能力是否与年龄相符？

（四）了解幼儿的后续反应

教师还应了解幼儿接下来会做什么，以获得更多信息。

第二节　幼儿进餐行为的观察分析与指导

进餐行为是幼儿日常生活行为中非常重要的一种。幼儿园除了会提供午餐以外，还会在早餐和午餐之间，以及午餐和晚餐之间提供点心。所以，进餐不仅指吃午餐，也应包括吃点心。另外，有一些幼儿会在幼儿园吃早餐和晚餐。幼儿的进餐行为是教师经常需要观察的一个方面，因为进餐行为不仅会影响幼儿的生长发育，而且和他们是否具有焦虑等负面情绪密切相关。一般认为，亲子关系良好的幼儿，其进餐行为会比较正常；如果幼儿等待进食时不耐烦，或拿取食物太多而吃不完，抑或无法与其他幼儿共享进餐时的欢乐，就表示这个幼儿可能在某方面存在一些问题。

一、幼儿进餐行为观察要点

（一）进餐环境

（1）幼儿是否能自行决定所要选取的食物。

（2）环境是否安静。

（3）食物分量是否充足，幼儿是否能根据自身需要多选取一些食物。

（二）幼儿对进餐的反应

（1）幼儿对食物是接受还是抗拒，是期盼还是挑剔。

（2）幼儿进餐时是严肃的还是很轻松的。

（3）幼儿走向餐桌时是害怕还是积极，是胆怯还是开心。

（三）幼儿的食量

（1）是否非常小。

（2）是否比较大。

（3）是否不吃肉或某类食物。

（4）是否吃很多肉。

（5）是否不吃蔬菜或不吃某种蔬菜。

（6）是否总是吃不够。

（7）和他人相比是否吃得较多。

（四）幼儿进餐时的状态

（1）是否会正确使用餐具。

（2）是否用手抓食物吃。

（3）是否边吃边玩。

（4）是否扔食物。

（5）是否把食物留在口中而不吞咽。

（6）进食时是否很有条理。

（7）是否浪费食物。

（8）是否担心吃不饱而藏匿食物。

（9）在餐桌上是否安静，能否待到进餐结束。

（五）进餐时的社交情况

（1）进餐时是否社交，次数多还是少。

（2）与谁交谈。

（3）除了交谈外，还会用什么方法与他人接触。

（4）相比进餐，是否更愿意社交。

（5）是否能兼顾社交与进餐。

（6）是否只和教师、特殊的朋友交谈，或不和任何人交谈。

（六）幼儿对食物的兴趣

（1）是否特别喜欢或不喜欢某类食物。

（2）对食物有何评价。

（3）进餐的速度如何。

（七）进餐的过程

（1）整个过程如何。

（2）幼儿做了或说了什么。

（3）其他人做了或说了什么。

（八）进餐后的行为

1. 如何离开座位

（1）热切地说话。

（2）噘着嘴。

（3）不声不响。

（4）流着泪。

（5）轻松推回椅子。

（6）敲着桌子。

2. 离开座位后做了什么

（1）绕着桌子跑。

（2）站着说话。

（3）站着等候教师。

（4）拿书或玩具。

（5）上厕所。

（6）帮忙整理餐桌。

二、幼儿进餐行为案例分析

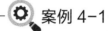 案例 4-1

　　教师对晓哲的进餐行为进行了观察分析与指导，表4-1所示为晓哲入园第2周为期5天的进餐行为系统观察记录表，表4-2所示为观察分析与指导3周后的进餐行为系统观察记录表。

表 4-1　幼儿进餐行为系统观察记录表 1

幼儿姓名：晓哲　　　　年龄：3岁多　　　　午餐：√　　　点心：　　　记录人：

观察次数	观察时间	自发行为					被动行为					主动反应						特殊行为记录
		吃完	进食	拒绝进食	转移注意力	其他	被鼓励	被询问	被请求	被命令	其他	吃完	进食	拒绝进食	以沉默回答	提出请求	其他	
1	周一			√			√	√							√	√	√		哭
2	周二			√			√			√					√		√		哭

续表

观察次数	观察时间	自发行为					被动行为					主动反应						特殊行为记录
		吃完	进食	拒绝进食	转移注意力	其他	被鼓励	被询问	被请求	被命令	其他	吃完	进食	拒绝进食	以沉默回答	提出请求	其他	
3	周三			√			√		√					√		√		哭
4	周四			√			√		√					√		√		哭
5	周五			√			√			√				√		√		哭

结果:吃完□　　　　　　　　进食□　　　　　　　拒绝进食☑

表 4-2　幼儿进餐行为系统观察记录表 2

幼儿姓名:晓哲　年龄:3 岁多　午餐:　√　点心:　　　记录人:

观察次数	观察时间	自发行为					被动行为					主动反应						特殊行为记录
		吃完	进食	拒绝进食	转移注意力	其他	被鼓励	被询问	被请求	被命令	其他	吃完	进食	拒绝进食	以沉默回答	提出请求	其他	
1	周一						√	√				√						
2	周二		√									√						
3	周三		√									√						
4	周四	√	√															
5	周五	√	√															

结果:吃完☑　　　　　　　　进食☑　　　　　　　拒绝进食□

表 4-1 显示入园第 2 周,晓哲始终拒绝进食,在保育员的鼓励、询问、请求或命令下或哭泣或沉默,但仍拒绝进食,只有当保育员喂食时才肯进食,且不挑食。

教师与家长沟通后,发现晓哲在 1 岁左右时曾主动抢夺喂食者手中的餐具或用手抓食,但家长觉得孩子自己吃饭太慢,而且会弄脏衣服和环境,就不顾孩子自己主动进食的意愿和哭闹选择喂食。等到晓哲3岁时家长要求其自主进食，他就会拒绝进食和哭闹，家长只好妥协并继续喂食。因此，晓哲入园也较晚。

教师通过进一步观察，发现除进食时间外，晓哲在幼儿园大部分时间比较愉快，与其他幼儿互动较好，如厕、穿脱衣物都可自理，穿珠子、折纸等游戏也能基本完成。

幼儿在2岁左右时就应学会自己用勺进食，而晓哲3岁多还拒绝独立进食，进食的能力明显落后于该年龄段的其他幼儿。晓哲1岁左右时曾主动抢夺喂食者手中的餐具或用手抓食，这是主动进食的行为表现。家长应该抓住这个时机，让晓哲得到一个由内在愿望驱使的练习机会，因为这是晓哲自身发出的要求，预示着敏感期的到来，顺应这一要求，会使晓哲独立进食的能力得到迅速的发展。而实际上，晓哲独立进食的意愿在这个阶段没有得到顺应和满足，当这一敏感期过去后，晓哲便不再产生主动进食的欲望，而是一直依赖家长喂饭。

晓哲如厕、穿脱衣物都可自理，穿珠子、折纸等游戏也能基本完成，说明其手眼协调性发展较好。

针对以上情况，教师给出以下指导策略。

（1）为晓哲安排用勺练习游戏，让晓哲用勺将珠子从一个碗转移到另一个碗中（在家也可进行类似练习，练习时注意珠子使用的安全）。

（2）不强迫晓哲进食，以语言鼓励为主。

（3）由易到难，增强信心。先让晓哲练习吃可以用手抓取的食物，如包子、小蛋糕等，完成之后给予表扬和鼓励；然后练习用碗喝牛奶、稀粥；接着练习用勺吃米饭、菜和稠粥；最后练习用筷子。

（4）树立榜样。进食时将进食习惯好、能力强、性格温和友善的悠悠安排在晓哲旁边，作为晓哲观察模仿的对象。

🔍 **案例4-2**

入园的第一天，我注意到很多孩子挑食，这些孩子是9月新入园的，有的孩子不吃肉，有的孩子不吃某种或多种蔬菜，还有的孩子不吃鱼或蛋黄。

经过每天的观察，我发现保育员张老师可以用合适的方式让孩子不挑食，而且不强迫孩子吃饭。张老师的做法如下。

（1）改变食物形状。例如，主动吃蛋黄的孩子很少，因此张老师想了一个办法，她将蛋黄放入每个孩子的碗中和粥搅拌在一起，这样孩子在不知不觉中就会吃下蛋黄。

（2）对于不爱吃某种食物的孩子，张老师会通过讲故事、讲绘本等活动进行健康教育，加深孩子对营养的认识，从而改善孩子的进食习惯。

（3）适当鼓励。例如，希熙非常爱美，她只喜欢吃肉，不吃蔬菜，每次吃蔬菜都迟迟不肯下嘴，张老师就会说："我听说吃蔬菜的小女生是最美的小公主。"希熙就会很迅速地吃掉蔬菜；或者说吃萝卜的小朋友会像小兔子一样可爱，吃虾仁的小朋友会游泳……这对孩子来说是一种积极的引导，会激起他们对食物的兴趣。

（4）及时对挑食问题有所改善（哪怕是非常微小的改善）的孩子进行表扬。

（5）不强迫对某种食物特别抗拒的孩子进食，以免加重孩子对食物的厌恶情绪。

（6）及时与家长沟通，争取家园配合。

经过 4 周的时间，孩子挑食的问题得到了很大的改善。

幼儿挑食是指对饮食挑剔，不吃某种或某些食物，或仅吃几种自己喜欢或常吃的食物。

挑食是一种不健康的饮食习惯，会导致营养不均衡，影响幼儿的生长发育。目前，我国有 40%～60% 的幼儿存在挑食、偏食问题。

幼儿挑食并不难判断，关键是要通过行为观察和交流发现其挑食的原因，并结合幼儿的年龄和自身特点有针对性地对其行为进行指导。案例 4-2 中，张老师针对幼儿偏食行为的做法非常具有借鉴意义。

（一）幼儿挑食、偏食的原因

1. 幼儿原因

（1）幼儿存在不良的饮食习惯。喜欢的食物就多吃，不喜欢的食物就不吃，饮食过于单一。

（2）幼儿对食物的味道、口感、外形等不适应。例如，有的幼儿不吃木耳是因为不喜欢黑色；有的食物带有一定的气味，如鱼、香菇、香菜等，幼儿对此不适应；有的食物需要用力咀嚼，如芹菜等膳食纤维含量比较高的食物。这些都是造成幼儿挑食、偏食的原因。

2. 家庭原因

（1）家长存在不良的饮食习惯。家长对食物的挑剔容易造成幼儿挑食、偏食，有些家长盲目减肥的行为会造成幼儿不爱吃肉类和主食。

（2）家长纠正幼儿挑食、偏食习惯时过于心急，家长的态度和行为也会影响幼儿。有些家长强迫幼儿进食，提示幼儿吃某种食物，因幼儿不好好进食而发脾气，甚至惩罚幼儿。这些行为都可能造成幼儿进食时情绪紧张，加重对食物的厌恶情绪。

3. 其他原因

（1）有挑食、偏食行为的幼儿容易影响其他幼儿。

（2）进食时受到家长或教师的训斥。

（3）受某些应激事件，如受伤、父母离异或突然的精神刺激等的影响。

（二）幼儿进餐行为指导策略

1. 帮助幼儿养成良好的饮食习惯

帮助幼儿养成定时、定量进食的习惯，引导幼儿少吃零食。

2. 注意食物的巧妙搭配

经常变换菜谱，改换烹调方法，注意利用食物的色、香、味来提起幼儿对不爱吃的食物的食欲。如果幼儿不爱吃肉和蔬菜，可将肉和蔬菜做成包子、饺子的馅儿，这样做既能保证幼儿营养均衡，又有益于幼儿的生长发育，防止幼儿挑食。

3. 健康教育，加深认知

对于不爱吃某种食物的幼儿，教师和家长可以通过做游戏、讲绘本等活动进行健康教育，加深幼儿对营养的认识来改善幼儿的挑食、偏食行为。

4. 适当引导和鼓励

教师和家长可以告诉幼儿不挑食会长得高、跳得高、力气大或更聪明、漂亮，也可以用幼儿喜欢的童话或者动画形象来引导幼儿。例如，某个幼儿喜欢小猪佩奇，就可以用小猪佩奇不挑食的特点来引导他。此外，还要及时对挑食问题有所改善的幼儿进行适当的表扬和鼓励。

5. 为幼儿树立良好的榜样

父母是孩子模仿的主要对象。父母应保持良好的饮食习惯，不要在幼儿面前挑食或对食物有负面评价。

6. 针对应激事件进行心理疏导

教师应对存在由应激事件引起的挑食、偏食问题的幼儿进行心理疏导，同时争取家园配合，消除不良因素。

7. 注意引导时机和方式

强迫幼儿吃饭，会使其产生逆反心理。因为不愉快的情绪不仅会降低食欲、影响消化，而且会让幼儿产生对立情绪或恐惧心理。因此，在指导幼儿的进餐行为时，一定要把握合适的时机和方式方法，切忌操之过急。

第三节　幼儿如厕行为的观察分析与指导

和进餐一样，如厕也是幼儿日常生活中十分重要的一件事。身体机能发展情况正常的幼儿能够控制自己的大小便，对自己的身体也会产生好奇心，并愿意认识自己的身体。如果幼儿发生一些与年龄不相称的能力不足行为，对身体功能的控制过度谨慎，或展现出对性的不寻常的兴趣，这些现象都应该引起教师的注意。

一、幼儿如厕行为观察要点

（一）刺激因素

（1）幼儿自身的需求。

（2）教师询问。

（3）模仿别人。

（4）群体活动。

（5）尿湿裤子。

（6）逃避某些事。

（二）幼儿的反应如何

（1）有明显的如厕需求，但拒绝在幼儿园如厕。

（2）不愿与大家一起如厕。

（3）或高高兴兴，或心不在焉，或匆促，或轻松。

（三）是否有紧张或恐惧的现象

（1）身体僵直。

（2）哭泣。

（四）幼儿如厕的过程

（1）轻松。

（2）困难。

（五）自理程度

（1）利落。

（2）笨拙。

（3）快速。

（4）缓慢。

（六）其他情况

（1）是否很随意或特别爱干净。

（2）是否了解两性差异，是否表现出对两性差异的兴趣。

（3）如厕时是否与其他幼儿互动。

（4）是否以语言或行动显示出自己具有额外的性知识。

二、幼儿如厕行为案例分析

○ 案例 4-3

　　淘淘，女，三岁半，入园两周。入园前，淘淘在家里可以自己使用卡通马桶大小便，但是入园后每天都会尿湿一到两次裤子，还有一次将大便拉到裤子里。因此，保育员对其如厕行为展开观察。

　　8:30，保育员让小朋友排队去卫生间小便然后再喝水。淘淘随着队伍缓缓进入卫生间，但很快就出来了。保育员问她："淘淘，你尿尿了吗？"她小声说："我要去喝水！"说完便很快地跑开了。

　　9:20，保育员再次让小朋友排队去卫生间小便。淘淘随着队伍缓缓进入卫生间，在便池旁站了一会儿，没有小便，又跟随其他幼儿走出卫生间。保育员问她："淘淘，你为什么不尿尿？""我没有尿。"她小声说，说完又要走。保育员拉住她的手说："喝了那么多水，怎么会没有尿？我来帮你好不好？"淘淘挣脱了保育员的手，眼圈红了："我不要尿尿！我没有尿！这里有细菌……"见淘淘哭了，保育员没有再坚持。

　　10:05，淘淘在椅子上来回扭动身体，满脸通红。保育员走到淘淘旁边小声问她："淘淘，你是不是想尿尿？"淘淘没有说话，小声地哭了。保育员把她从椅子上抱起，发现她的裤子已经湿了，然后帮她换了裤子。

　　保育员从淘淘妈妈那里了解到：淘淘上幼儿园之前是由爷爷奶奶照料的，淘淘奶奶是退休护士，对清洁要求较高，经常嫌弃外边的环境不干净、有细菌等，所以淘淘很少在外边吃东西，而且都是在家大小便。

本案例中，不肯在幼儿园大小便的现象在新入园的幼儿中时常发生，只不过淘淘的情况较为严重，宁可尿湿裤子也不在幼儿园小便。受奶奶的影响，淘淘对幼儿园的如厕环境不信任，又对"细菌"产生了很多恐怖的想象，因而不肯在幼儿园大小便。另外，幼儿正处于秩序敏感期，新的、陌生的环境会使他们缺乏安全感。平时幼儿在家都有自己熟悉的如厕工具，家长在鼓励幼儿如厕时，可能还会购买一些幼儿喜欢的特殊样式的小马桶来吸引幼儿，如小汽车、小青蛙、小鸭子等样式，幼儿的注意力更多放在这些如厕工具上，甚至会对自己的小马桶产生依赖。而幼儿园卫生间的气味、马桶的大小和形状、周围人群等都与家中如厕环境有很大的不同，这时要他们立即适应新的如厕环境就有些困难，所以幼儿宁愿憋着也不在幼儿园大小便。这种情况如果不能及时得到纠正，不仅会导致便污裤子的问题，还会引发幼儿对上幼儿园的焦虑情绪，有的幼儿还会因为怕便污裤子而不肯在幼儿园喝水，甚至因便污裤子而自卑，产生一系列问题行为。所以，教师和家长必须足够重视这种情况。

针对淘淘的情况，保育员给出以下指导策略。

（1）请淘淘的奶奶告诉淘淘幼儿园的卫生间是干净的、安全的。

（2）请淘淘的奶奶及其他照顾者在讲究卫生的同时不要过分强调环境卫生，有意识地增加淘淘在外边如厕的机会。

（3）保育员在打扫卫生间的时候，让淘淘参观、参与。

（4）为减轻淘淘的焦虑情绪，刚开始几次，保育员可以单独带其去卫生间小便，但要注意不要养成习惯。

（5）当淘淘有了单独如厕的经验以后，可以让她和其他幼儿一起如厕，刚开始几次去的时候可以让淘淘走在前面（她认为卫生间这时是最干净的）。当淘淘逐渐适应卫生间的环境，而且感受到不尿裤子的好处后，保育员应调整如厕顺序。

经过两周的时间，淘淘逐渐适应了在幼儿园如厕，也更加融入其他活动。

（一）幼儿如厕常见问题原因分析

（1）入园之前缺乏排便训练，幼儿自理能力差。

（2）午睡前喝太多水，午睡时容易尿床。

（3）玩得太专注或太兴奋，忘记小便。

（4）幼儿受到惊吓。

（5）幼儿刚入园时，会对新环境产生陌生感和惧怕感，不敢向教师表达自己的需求，容易造成憋尿或尿频的情况。

（6）幼儿对幼儿园如厕环境或设施不适应。

（7）幼儿泌尿系统感染，患有某些遗传性疾病或神经系统疾病等。例如，幼儿发生尿路感染时可能因尿频、尿急而尿湿裤子。

（8）内裤太紧，刺激幼儿，使其排尿感增强。

（二）幼儿如厕行为指导策略

（1）家长平时要训练幼儿使用卫生间，帮助其养成定时如厕、便后洗手的良好习惯。

（2）保育员要向幼儿家长详细询问幼儿的如厕习惯。为了让幼儿尽快适应集体生活，保育员要耐心指导，及时提醒幼儿如厕，不可硬性规定和限制如厕时间；在此基础上，再逐步培养幼儿良好的如厕习惯。

（3）创设良好的如厕环境。卫生间是幼儿园的必要设施之一，明亮清洁的卫生间可使幼儿心情愉快，有利于其如厕。

（4）幼儿如厕时会受到保育员情绪、态度、语言等的影响。例如，幼儿便污了裤子，保育员要注意安抚幼儿，消除幼儿的紧张感，增强其自信心和安全感，使其不再因类似事情而烦恼，不能责备幼儿，否则会影响幼儿的心理健康发展。

（5）保育员应增强保育意识，更新保育观念，重视和正确看待幼儿如厕这一环节。保育员不仅要照顾好幼儿的身体，还要注重幼儿心理及个性的发展。

（6）幼儿有时在卫生间逗留，是因为对管道设备感兴趣，喜欢看排水冲便，这时保育员不妨给幼儿讲讲其原理，不要压制其求知欲。幼儿有时喜欢在卫生间交谈，是因为这里没有人看管，可以自由交往，随心所欲，针对此种情况，保育员不妨为幼儿提供和创造更多的自由活动机会和时间，以减少此种情况的发生。

（7）发挥绘本、动画等资源的优势，帮助幼儿正确看待如厕行为，养成良好的如厕习惯。

第四节　幼儿午睡行为的观察分析与指导

睡眠质量直接影响着幼儿的生长发育、身体健康、学习状况等。根据幼儿的生理特点，在长时间的学习和游戏之后，安排适当的午睡时间是非常有必要的。

在午睡期间，不同的幼儿会有不同的表现。有些新入园的幼儿，因为之前在家没有养成午睡的习惯，或者因为对午睡环境感到陌生等，会出现不午睡或睡眠质量不好等问题；有些幼儿因为各种不同的原因，如最近曾因病住院或不适应幼儿园的午睡环境等，会对午睡产生恐惧；还有一些幼儿已经养成午睡的习惯，但是也会出现入睡困难等问题。

一、幼儿午睡行为观察要点

（一）幼儿如何入睡

（1）主动睡下或者遵从教师的要求。

（2）教师是否认定幼儿已疲倦。

（3）午睡是否紧接在午餐后。

（4）幼儿是否了解自己被期许有什么表现。

（二）幼儿有何反应

（1）接受：高兴。

（2）抵制：或闲荡，或说话，或不回应，或经常要求上厕所，或经常要求喝水。

（3）害怕：或哭泣，或绕着屋子跑，或跑到屋外。

（三）幼儿是否需要成人的特别照应

拍着幼儿使其入眠，靠近幼儿坐着看其入眠，或将幼儿带到其他房间。

（四）幼儿休息时是否有紧张的迹象

（1）肢体紧张：活动量大，躁动。

（2）抚慰性的动作：吸吮手指、拉耳朵。

（3）依赖其他物品：布娃娃、动物手帕、毯子、枕头等。

（4）其他行为：经常找借口离开床位。

（五）幼儿显现出哪些和休息相关的迹象

（1）是否有疲倦的迹象，如打哈欠、眼睛红、心情不愉快、经常跌倒。

（2）幼儿是否睡觉，睡得是否安稳。

（3）幼儿是否需要把玩物件，如书、娃娃等。

（4）幼儿如果不睡，是否看起来很放松。

（六）休息期间，幼儿对群体的反应如何

（1）躁动与不安：叫嚷、大声唱歌、乱窜。

（2）有交际活动：跟相邻幼儿交谈、打手势。

（3）查知其他幼儿的需求：轻声低语、悄声走路。

（七）午睡如何结束

（1）幼儿如何醒来：笑着、哭着、疲累。

（2）幼儿醒来后做什么：安静地躺着、叫老师、冲向卫生间或自己玩。

二、幼儿午睡行为案例分析

⚙ 案例 4-4

幼儿午睡行为检核表如表 4-3 所示。

表 4-3　幼儿午睡行为检核表

姓名：**大齐**　　性别：**男**　　实足年龄：**3** 岁 **3** 个月　　检核日期：**2023-10-11**

一、动机						
表现行为	一	二	三	四	五	备注
（1）主动休息						
（2）经教师提醒后休息	√	√	√	√	√	
二、就寝前反应						
表现行为	一	二	三	四	五	备注
（1）要求上厕所	√			√	√	

续表

表现行为	一	二	三	四	五	备注
（2）要求喝水		√	√			
（3）与他人嬉戏	√	√	√	√	√	
（4）延后进寝室	√	√	√	√	√	
（5）打枕头仗						
（6）哭闹不停						
（7）到处乱跑						
（8）跑出寝室						
（9）看大家休息才去休息	√	√	√	√	√	
（10）其他						

三、就寝中的行为问题

表现行为	一	二	三	四	五	备注
（1）生病或需要教师特别照顾						
（2）过度敏感、不停翻身	√	√	√	√	√	
（3）习惯性地吮吸或咬手指						
（4）玩手或脚						
（5）须有特殊的睡眠附件（如手帕、玩具等）						
（6）不停地找借口离开床位	√	√		√	√	
（7）与旁边的幼儿说话或打手势	√	√	√	√	√	
（8）坚持不肯午睡						
（9）说梦话（或做噩梦）						
（10）没睡着	√	√	√	√	√	
（11）中途起床	√	√	√	√	√	
（12）其他						

四、就寝后反应

表现行为	一	二	三	四	五	备注
（1）有精神地醒来						
（2）还想继续睡						
（3）静静地躺着						
（4）呼唤教师						
（5）叫其他幼儿起床						

续表

（6）上厕所					
（7）与别人交流					
（8）开始玩					
（9）其他					

通过一周的观察，我们可以看出大齐无法在幼儿园成功午睡，他一般经教师提醒后才会去休息，而且会要求上厕所、喝水，找借口离开床位，或与其他幼儿说话、不停翻身等，经教师引导也不能成功午睡。与其家长交流后，教师发现大齐在家时就没有午睡的习惯，晚上睡觉也比较晚，而且没有固定的休息时间，通常是玩累了再睡。大齐的身高、体重略低于该年龄阶段的平均值，食欲也不太好，而且他上课爱走神，经常发脾气。

睡眠是人体的生理需要。通过睡眠，人体的大部分器官得到休息，这对于幼儿的生长发育至关重要，也影响着幼儿的情绪和状态。当幼儿需要休息的时候，他们需要抑制自己的身体，使身体的各个运动部位逐步进入休息状态。但是，幼儿的高级神经活动抑制功能不够完善，他们的午睡行为需要家长和教师耐心指导。

针对大齐的情况，教师给出如下指导策略。

（1）向家长讲明睡眠对幼儿身体发育、心理发展的重要性，请家长密切配合，帮助大齐养成良好的睡眠习惯。

（2）让大齐每天按时起床，按时入睡，养成良好的习惯。

（3）在家中创造良好的睡眠条件和环境。睡眠环境要安静，空气要清新，被褥要轻软，晚上睡觉不开灯。

（4）睡前应适当散步、适当娱乐。

（5）教师要循序渐进地培养大齐的午睡习惯。大齐睡不着时，教师应尽可能在午睡巡视后坐在他的旁边，拍拍他，或者告诉他"睡不着没关系，闭上眼睛休息一会儿也行"，不给他午睡的压力。

（6）若大齐能够成功午睡，教师在其醒后应及时表扬；即使大齐不能睡着，教师对其在他人午睡时保持安静也要给予表扬，培养大齐安静休息的习惯。

（7）如果只在幼儿园午睡，在家不午睡，很难养成良好的午睡习惯，因此要求大齐周末在家的作息要与在幼儿园的保持一致，帮助大齐建立规律的生物钟。

经过 2 周的家园合作指导，大齐午睡时偶尔可以睡着，4 周后不再需要教师特殊关注基本可以睡着，在家的作息也和在幼儿园的保持一致，食欲、情绪都有所改善，6 周后身高增加 1 厘米，体重增加 1.8 千克。

（一）幼儿午睡的常见影响因素

（1）幼儿的高级神经活动抑制功能不够完善，一点外部刺激就能分散他们的注意力而造成入睡困难。有的幼儿可以玩一个小玩具、一张纸或一块小石头，玩一中午都不睡觉。

（2）幼儿在家的作息不规律，没有养成午睡习惯。

（3）睡前做剧烈活动或饮食不合理（如午餐吃得过饱）。

（4）对某些事情的焦虑和恐惧也会影响幼儿的睡眠，如教师的批评、同伴的排斥，或者父母的争吵、离异等。

（5）睡眠环境光线太强或有噪声都会影响幼儿的睡眠。

（二）幼儿午睡行为指导策略

（1）睡前，教师帮助幼儿保持稳定的情绪。午餐后，可以散步10分钟，或者给幼儿讲故事，帮助其将情绪稳定下来，不要安排使幼儿兴奋的活动。

（2）午睡前10分钟，教师要提醒幼儿大小便，以减少生理需求对午睡的干扰。

（3）营造宁静温馨的午睡环境。教师可以拉上遮光的窗帘，不让光线过亮；适当播放轻柔的摇篮曲，引导幼儿安静下来；对于不易入睡的幼儿，教师可以把他放在身边，时刻关注。温馨安静的环境有利于幼儿很快入睡。

（4）对于一些入睡困难的幼儿，教师在引导其午睡时，要尽量多陪护他们，时刻关注他们的动态，让他们不对陌生的环境感到害怕。

（5）对需要一些"安慰物"（如小玩具、小毯子等）才肯入睡的幼儿，教师不要强行剥夺"安慰物"，否则会加重幼儿的紧张情绪，而是要让幼儿建立起安全感，慢慢减少对"安慰物"的依赖，养成健康的午睡习惯。

（6）家园密切配合。周末、节假日在家的作息要与在幼儿园的保持一致，帮助幼儿建立规律的生物钟。

（7）消除幼儿的紧张焦虑情绪。发现问题及时解决疏导，家长要营造温馨安定的家庭氛围；教师教育幼儿时要注意方式方法，不要让幼儿产生不良情绪，同时要关注幼儿之间的交往，使幼儿保持健康的心理状态。

需要注意的是，个别幼儿的大脑已经较为成熟，他们不再需要像婴儿那样，必须通过一天多次的睡眠来缓解大脑疲劳、控制情绪。如果一个幼儿已经习惯了不睡午觉，还精神很好、情绪愉快，食欲和生长发育情况也不受影响，那么这很可能表示他的大脑已经发育得比较成熟了。对于这样的幼儿，教师不要强制其午睡，因为如果强制规定午睡时间，而幼儿又睡不着，这对他来说就等同于长时间被限制活动。这样不仅不能让幼儿得到休息，反而可能会让幼儿觉得有压力。在这种情况下，教师可以引导这类幼儿做一些不会打扰其他幼儿的活动，如读书、画画等。

课后练习

1. 谈谈幼儿日常生活中的行为观察要点。
2. 思考幼儿挑食、偏食行为的影响因素及指导策略。
3. 谈谈幼儿午睡、如厕行为的观察要点、常见问题及指导策略。

实训任务

1. 案例分析：中班的张老师观察到刚转来两周的小满不喜欢吃胡萝卜，每次看到饭菜里有胡萝卜都会将其偷偷扔掉，两天后坐在小满旁边吃饭的两名幼儿看到小满的举动后也偷偷把胡萝卜扔掉了。试分析张老师应当怎样处理这种情况。

2. 分小组讨论，对于不肯午睡的幼儿应当进行哪些行为观察与指导。

05

第五章

幼儿情绪表现的观察分析与指导

素质目标

1. 热爱儿童、尊重儿童的权利和独立人格。
2. 强化为国家和社会培养具有健全人格的儿童的责任感和使命感。

知识目标

1. 了解教师的负面情绪对幼儿教育的影响。
2. 掌握幼儿发脾气、入园焦虑的观察要点及指导策略。
3. 掌握引导幼儿进行情绪表达与调节的对策。
4. 掌握幼儿教师不良情绪调节策略。
5. 掌握家长的情绪管理策略。

能力目标

1. 能根据观察要点观察、分析幼儿发脾气、入园焦虑现象。
2. 能根据幼儿发脾气行为、入园焦虑的成因给予适宜的指导。
3. 能分析幼儿教师不良情绪的成因并进行自我调节。
4. 能引导家长根据情绪管理策略调整不良情绪。

学海导航

幼儿时期是情绪发展的关键期,《指南》提出幼儿要保持情绪安定愉快。情绪的发展对幼儿的心理健康至关重要。本章重点讲解如何观察、理解幼儿的情绪,帮助幼儿缓解和转移不良情绪,以及教师和家长在与幼儿接触时如何进行情绪管理。

第一节　幼儿发脾气的观察分析

安定愉快的情绪对幼儿心理健康至关重要,也会为幼儿塑造良好的个性和品质打下基础。教师可以通过观察幼儿发脾气的具体表现,分析幼儿发脾气的原因,并制定适当的行为指导策略,来帮助幼儿控制情绪、表达情绪。

一、幼儿发脾气的观察要点

(一)幼儿容易发脾气的时间

(1)来园时。

(2)离园时。

(3)午睡时。

(4)进餐时。

(5)集体教学活动中,教师要求幼儿按照特定规程做事时。

(6)自由活动时。

(7)户外活动时。

(8)没有时间规律。

(二)幼儿对谁发脾气

(1)家人。

(2)其他幼儿。

(3)某一位教师。

(4)不确定,可以是任何人。

(三)幼儿发脾气行为的诱发因素

(1)被另一个幼儿打了。

(2)玩具或其他物品被他人拿走。

(3)想要他人正在玩的玩具。

(4)要求被拒绝。

(5)不让其他幼儿与其一起玩。

(6)不想参加某个活动。

(7)活动结束时,不想结束该活动。

（四）幼儿发脾气时的表现

（1）大喊大叫。

（2）大哭。

（3）扔或毁坏物品。

（4）打人或用语言攻击他人。

（5）伤害自己。

（6）不理他人。

（五）幼儿发脾气时对成人行为的反馈

（1）观察成人是否在关注他。

（2）发现有成人在场时脾气变小或变大。

（3）成人与其沟通时，脾气变小或变大。

（4）成人与其进行肢体接触时（如抱起），脾气变小或变大。

二、幼儿发脾气案例分析

案例 5-1

凡凡经常发脾气，为了找到发脾气的原因，并帮助其缓解、控制不良情绪，老师对他进行了观察。

姓名：凡凡

性别：男

年龄：三岁半

观察方法：事件取样法

观察目的：了解凡凡发脾气的原因

观察目标：帮助凡凡控制自己在日常活动中的情绪、语言和行为

观察实录（见表 5-1）：

表 5-1　凡凡在不同场景下的观察实录

场景	观察实录
搭积木	搭积木的时候，凡凡刚搭好一个 4 层的"高楼"，同桌丽丽的腿不小心碰了一下桌子，桌子晃得很厉害，凡凡搭的积木倒塌了。"丽丽！丽丽！"凡凡冲丽丽大吼，随即用双手把丽丽搭的积木都推到地上，并用右脚猛踢丽丽的小椅子
洗手	午餐前洗手的时候，凡凡旁边芳芳的水龙头开得比较大，水溅到了凡凡的脸上和身上。凡凡跺着脚大叫："臭，臭！"同时开大了自己的水龙头，用手捧水泼了芳芳一身

本案例中，凡凡因为遭遇挫折（积木被撞倒，水溅到脸上和身上），而产生了愤怒的情绪，可以看出凡凡的语言表达能力比较差，他表达愤怒的方式是大吼和用肢体动作报复他人。这种表达方式明显不利于凡凡的健康发展，教师应引导凡凡控制情绪和正确表达情绪。

这两次事件中，教师都没有严厉地批评凡凡，如积木事件中，教师只是蹲下来拍着他的

背温和地对他说："我知道积木被碰倒了，让你非常不开心，但是把别人的积木都推到地上是不对的，别人也会不开心呀。你可以告诉丽丽下次小心一些。来，现在你就告诉丽丽。"凡凡有些不好意思地看着丽丽，小声说："积木倒，丽丽，小心。下次……"懂事的丽丽也随即对凡凡说："对不起，凡凡，以后我小心些。"两个孩子都不好意思地笑了。这时教师问："那么接下来应该怎么办呢？"凡凡很快反应过来，把积木捧回桌子上，教师及时对凡凡提出了表扬。

可以看出这位教师在处理幼儿的情绪问题方面，经验是非常丰富的。首先，教师用肢体语言（蹲下来、拍背）和温和的语气与凡凡交流，这对凡凡的愤怒情绪有很好的平复作用；其次，教师帮助语言表达能力比较差的凡凡用共情的方式说出内心的感受，并提出合理的解决办法（用语言表达自己的不满）；最后，教师还让凡凡对自己之前的行为所产生的后果进行及时的补救。

应当注意的是，幼儿的情绪控制和语言表达能力不是短时间内就可以提高的，中间会有反复，家长和教师要耐心引导，对幼儿取得的进步要及时给予鼓励和表扬，对中间出现的反复情况要给予更多的耐心。

⚙🔍 案例 5-2

妮妮平时比较安静，与其他幼儿相处得比较好，也很少与同伴发生冲突，即便有不如意的地方一般也只会默默哭泣。有一天下午，在图书角的妮妮突然大声说道："你就是故意的！"

老师闻声走过去，原来妮妮说岩岩用书打了她，岩岩说自己不是故意的，两个人争了起来，一向温顺的妮妮这次反应很激烈。

老师把她们带到办公室，让她们坐在小椅子上，两个女孩都气鼓鼓的。

"你说岩岩打你，她是怎么打你的？"老师抚摸了一下妮妮的头发。

"她就这样，拿书打了我的耳朵。"妮妮比画了一下。

岩岩说："不对，我是从书架上拿书时不小心碰到她的。"

"不对！你就是故意的！"妮妮生气地说。

"不是的！不跟你玩儿了！"岩岩也生气地说。

"不玩儿就不玩儿！谁稀罕？！"妮妮把自己的小椅子搬得离岩岩远了一些，岩岩转身面向墙壁。

两个女孩谁也不理谁。

"是碰到耳朵了吗？还疼吗？"老师问妮妮，她将头转向一边没有回答。

"好吧，你们现在可以不说话，老师等着你们。"

过了5分钟，老师问："妮妮，你现在愿意说一说了吗？"

妮妮轻轻点了点头。

老师转向岩岩："岩岩，你呢？"

岩岩："我是拿书的时候不小心碰到她的，我跟她道歉了。"

妮妮："我要'爆炸'了！'大爆炸'！"

"我真的是不小心碰到她的。"岩岩继续解释。

"'大爆炸'！"妮妮扯着嗓子大吼，随即大声地哭了起来。

"你觉得非常难受、很委屈，很想大喊，对吗？"老师帮妮妮抹去眼泪轻声问。

"今天总是有人欺负我，早上洋洋把我的牛奶碰倒了但没有道歉；喝水时琳琳插到我前面；明明是我先拿到的娃娃，佳佳和小雨偏要抢走；刚才岩岩又拿书打我。每个人都欺负我，我要'爆炸'了！"妮妮挥着拳头边哭边说。

老师把她抱在怀里，拍着她的背说："噢，原来你今天经历了这么多啊，要是老师遇到这些事也会很委屈、很生气的。"

"每个人都欺负我……"妮妮的声音小了下来。

"岩岩，妮妮现在很难受，你想对她说点什么吗？"

岩岩走到妮妮身边拉着她的手说："妮妮，别难过了。刚才把你弄疼了，对不起，我真不是故意的。你现在还疼吗？"

"不疼了。"妮妮有些不好意思地从老师怀里站起来说，"我刚才不该朝你大喊，你都跟我道歉了，我知道你不是故意的，我就是太难受了。对不起！咱们还做好朋友，行吗？"

"行！"两个女孩重归于好，手拉手地走了。

这个案例中，两个女孩因为一点小事起了冲突，教师的处理方式十分具有借鉴意义。

（1）给她们提供一个可以交流解释的场所。

安静的场所可以让她们逐渐冷静下来，避免冲突升级。

（2）引导她们说出事件的前因后果。

显然，妮妮强烈的委屈和不满情绪并不全是由岩岩引起的，而是之前遇到的各种事件中的不良情绪的积累，岩岩拿书的时候碰到妮妮，只是妮妮不良情绪爆发的导火索。

（3）运用肢体语言安抚妮妮。

妮妮具有强烈的委屈、愤怒情绪，教师的肢体语言具有一定的安抚作用。

（4）引导妮妮说出内心感受。

妮妮大喊的时候，教师并没有阻止她，而是问她是不是很难受，妮妮才把内心的感受说了出来。她大声说："我要'爆炸'了！'大爆炸'！"同时诉说自己今天遭受的不合理对待和心中的委屈，自己需要宣泄（要"爆炸"）。这很像一次自我情感的梳理与宣泄，当妮妮说完以后，她平静了很多，也愿意与教师和同伴交流了。

面对幼儿的委屈和愤怒，教师不应该让他们压抑下来，做一个"乖孩子"；而应该引导他们发现自己的情绪，准确地表达自己的情绪，合理地宣泄自己的情绪，从而有效调节心理健康。帮助幼儿认识自己的情绪，表达自己的情绪，应该是幼儿情绪观察与指导的终极目标，掌握了这种能力的幼儿将会终身受益。

（5）引导她们做出亲社会行为。

当妮妮很委屈地哭诉并发泄自己的情绪的时候，教师并没有评价两个孩子的行为的对错，而是问岩岩想要对妮妮说些什么，这看上去对遭遇误解的岩岩"很不公平"，但是岩岩接下来的言行正好说明幼儿能够在同伴遇到困难时表现出同情、宽容等亲社会行为，岩岩也获得了妮妮的主动道歉，两人因此重归于好。教师应为幼儿提供学习体察、理解他人情绪的机会，帮助幼儿学会控制和调整自己情绪，这样做既有利于幼儿管理情绪，又有利于幼儿亲社会行为的发展。

三、幼儿发脾气行为的成因及指导策略

（一）幼儿发脾气行为的成因

幼儿发脾气，有其生理、心理上的原因。幼儿的大脑神经系统功能尚不完善，兴奋和抑制过程发展不平衡，易兴奋而难抑制。另外，幼儿的道德意识正处在开始形成的阶段，是非观念和评判是非的能力还停留在较低的水平。另外，家庭教育也是幼儿发脾气行为的重要影响因素。

1. 年龄小

年龄越小的幼儿，越可能发脾气。受年龄和语言发展的限制，同时因为情绪激动，幼儿往往不能适时或正确地表达自己的需求，他们很难以某些可以被接受的方式，如像成人那样用言语来表达自己的意愿，他们常常用肢体语言来表达负面情绪，如发脾气、打人等。

2. 吸引他人注意

幼儿发脾气大多是为了吸引他人注意，他们会一再重复这种行为。成人可能继续试着说服幼儿，也可能失去耐心，用生气来处理。这两种处理方法会强化幼儿发脾气的行为。

3. 遭遇挫折

当幼儿遭遇挫折的时候，如没有得到想要的事物，或者自己的要求被拒绝时，他们会因愤怒、委屈而发脾气。

4. 不能等待

大多数学前阶段的幼儿的自制力比较弱，对于等待自己想要吃的或想要玩的事物没有耐心，不愿意多等待一会儿，需求没有及时被满足，他们就会发脾气。

5. 身体不适

幼儿的身体状态欠佳（如生病、疲倦等）的时候也容易发脾气。例如，一名习惯每天午睡的幼儿，如果周末到游乐场游玩，到了平时午睡的时间，他不一定会因疲倦发脾气，因为这时他依旧处在欢乐和兴奋的状态；但是当下午离开游乐场的时候，他可能会因为没有睡午觉和玩得太累而发脾气。

6. 感到无聊

幼儿无所事事的时候，也容易发脾气。如没有同伴一起玩耍，对活动内容不感兴趣，或者做完一项活动接下来没有活动安排时，幼儿就可能因为感到无聊而发脾气。

7. 模仿习得

有些幼儿长期处于不良的家庭环境下，就有可能用暴力的形式把自己内心的不满表达出来。除了家庭影响外，幼儿如果在幼儿园碰到爱生气的小朋友、爱发脾气的教师，可能就会去模仿。另外，一些不适宜的音像图书制品中的内容也会成为幼儿模仿的对象。

（二）幼儿发脾气行为指导策略

1. 接纳情绪

幼儿发脾气是本能，而控制和调节自己的情绪则是能力，是需要幼儿在家长、教师的引

导和实践中习得的。接纳幼儿的情绪，安抚、陪伴、鼓励幼儿用语言来表达自己的情绪，有助于幼儿学会在实践中逐步控制和调节自己的情绪。例如，一名幼儿好不容易搭起的积木被同伴不小心碰倒了，想要发脾气攻击同伴时，家长和教师可以对他说："我知道你很生气，因为你好不容易搭的积木倒了，你可以生一会儿气，但是不可以打人。你可以告诉他，他把你搭的积木碰倒了，你很生气，要他以后小心些，不要碰到你的积木。"

2. 转移注意力

幼儿刚开始发脾气时，家长和教师可以迅速转移他的视线，以新的事物（幼儿喜欢的玩具、绘本）或新的活动吸引幼儿的注意力，并立即让其离开现场，这种方法对年龄较小的幼儿效果较好。

3. 善用"冷处理"

当幼儿因无理取闹而发脾气，或者因为不顺心而借故生气的时候，家长和教师要善于使用"冷处理"策略。有的幼儿稍不如意便大哭大闹，家长和教师可以暂时不予理睬，让他冷静下来再考虑下一步怎么办。一旦幼儿知道不管他发多大、多久、多少次脾气，都不会因此受到注意，他就会很快减少这种行为。

4. 延迟满足训练

对于自制力比较弱、需求没有及时得到满足就发脾气的幼儿，家长和教师要在平时有意识地训练其延迟满足能力，培养其耐心。

5. 给幼儿充足的时间去结束游戏

有的幼儿发脾气是因为正在进行的游戏或活动需要中止，如积木刚要搭好就下课了，在游乐场玩得兴高采烈时家长说要走了。家长和教师可以在活动未结束时提前给幼儿一个提示，让他们明白活动快要结束了，做好心理准备，以免幼儿在活动结束时发生强烈的对抗行为。

6. 引导幼儿合理表达自己的情绪

鼓励幼儿用语言表达自己的感受，学会抒发自己的情绪。当幼儿有情绪时，家长和教师需要理解他们并认真倾听，而不是着急讲大道理。等幼儿将自己的情绪抒发完后，也许他就平静下来了。

7. 正向强化

当幼儿在情绪控制和调节中取得进步时，家长和教师要及时表扬，强化其正向行为。例如，某一次玩具被其他幼儿碰掉，幼儿没有像往常一样大发雷霆，这时要及时强化，提出表扬。

8. 不要过于溺爱

家长不要对幼儿有求必应，对于幼儿的不合理要求要坚定地拒绝，同时也要给予适当的解释和安慰。在幼儿哭闹、发脾气时，家长一旦妥协，就会强化幼儿通过发脾气来达到自己目的的行为模式。

9. 调整教育目标和游戏

如果让 4 岁的幼儿玩 5 岁幼儿玩的拼插玩具，而 4 岁幼儿的手的精细动作能力发展水平不足，那么他可能就会因为玩不了而发脾气，所以教育目标和游戏要符合幼儿的年龄特点和能力发展水平。

10. 提升基本技能

幼儿在总是做不好一件事，充满挫败感时也容易发脾气，这时家长和教师可以教他怎么做。例如，幼儿反复扣不上扣子，家长和教师就可以对幼儿进行穿脱衣服的训练，帮助幼儿提升生活技能。

11. 以身作则，树立榜样

家长和教师切记要以身作则，不要经常发脾气，一方面为幼儿当好情绪控制的榜样，另一方面为幼儿创设一个良好的环境氛围，帮助幼儿保持积极情绪，控制不良情绪。

12. 慎选读物

幼儿的图书、游戏和动画片等要谨慎选择，以防某些不利于幼儿身心健康的图书、游戏和动画片对幼儿产生不良影响。

13. 态度一致

幼儿发脾气时，家长和教师的态度要一致，家人之间的态度更要一致，绝不能一人一个态度，使幼儿无所适从。

第二节　关注幼儿的入园焦虑

幼儿入园焦虑又称幼儿分离焦虑，这在新入园的幼儿中是一种很普遍的现象。新入园的幼儿离开熟悉的环境和家人，来到陌生环境时，会出现强烈的不安全感，表现出哭闹、不安、依恋等一系列焦虑症状。根据马斯洛需求层次理论，我们会因生理需求缺失、安全感缺失、归属感与自尊心缺失而变得焦虑不安，所以幼儿刚入园时出现分离焦虑是正常的心理现象。有的幼儿会逐渐适应，但个别幼儿需要教师给予较多关注才能缓解焦虑，否则极易出现持续焦虑、社交退缩及其他生理心理问题，严重地影响其身心发展。教师要关注幼儿的入园焦虑，帮助幼儿缩短适应期、快速稳定情绪，使新入园的幼儿积极融入集体，愉快地上幼儿园。

一、幼儿入园焦虑观察要点

（一）是否有哭闹行为

（1）大声哭，影响到他人。

（2）小声哭，几乎听不到。

（3）伴有踢腿、打滚等肢体动作。

（4）扯住家长或教师的衣服或抱住家长或教师的身体不放。

（5）哭闹的时间较长，地点不定。

（二）是否有依赖行为

（1）依赖某位教师，跟随该教师，要该教师喂饭或陪着午睡等。

（2）依赖某个物品，如玩具、书包、书、水杯等。

（三）能否正常生活

（1）不肯进餐，也不让人喂，或者吃得极少。

（2）不肯午睡，躺在床上哭或不肯躺下。

（3）大小便自理能力出现倒退。

（四）活动中是否出现孤独与迟钝现象

（1）默坐：把椅子搬到人少的地方坐着，或者坐着时面向无人或人少的方向，不参与活动，不关注他人活动，也不发出声音，眼睛望向某一方向（主要是门口及窗口的方向）。

（2）独自游戏：极少出现哭、闹等行为，正常进餐及午睡，偶尔参与教师组织的活动，大部分时间都是独自一人在一个角落玩耍，对外界环境很少关注。

（五）其他行为

（1）多次重复同一个句子（如"回家""找妈妈"等）。

（2）有攻击、破坏行为。

（3）吮手指、咬指甲、摆弄或啃咬衣服。

（六）是否存在应激反应

（1）食欲不振、腹痛、腹泻。

（2）睡眠不佳、做噩梦、讲梦话。

（3）免疫力下降，易腹泻、感冒。

二、幼儿入园焦虑案例分析

 案例 5-3

表 5-2 所示是一名新入园幼儿的焦虑情况观察表。

表 5-2　新入园幼儿焦虑情况观察表

姓名：君君　　　　　　性别：男　　　　　　年龄：3 岁

观察方法：时间抽样法

日期	来园	上午活动	午饭	午睡	下午活动
9月1日（入园第1周第1天）	紧紧地抓着妈妈的裙子下摆，边哭边喊："我不要上幼儿园！我不要上幼儿园！"老师想把他抱过来，他两手紧紧搂住妈妈的大腿，两个小腿攀抱着妈妈的小腿，紧紧地缠在妈妈的身上。妈妈拉开他的手脚，将他交给老师，他大哭起来："我要回家，我要回家……"	老师带小朋友唱儿歌《小白兔》，君君不和大家一起唱，眼中含着泪水，抱着自己的一个小熊玩具，吮着手指紧盯着屋门。偶尔小声说着："找妈妈，找妈妈……"自由活动的时候，小朋友都去玩滑梯和别的玩具，他跑到大门口向外张望，哭了起来	刚开始不肯吃午饭，后来老师告诉他，要好好吃饭，妈妈下班就来接他，他才开始含着眼泪小口缓慢地吃饭，吃得很少。一直抱着小熊玩具，老师想给他拿开，又大哭起来	抱着小熊玩具坐在床上，不肯躺下，哭着说："妈妈来，妈妈来……"老师抱起他讲故事，他不肯听，继续哭	下午活动时别的小朋友搭积木，他抱着小熊玩具趴在桌子上，呆呆地看着门口。老师问他要不要搭一座小房子，君君只向老师不断地重复："妈妈来，妈妈来……"声音已经嘶哑

续表

日期	来园	上午活动	午饭	午睡	下午活动
9月8日（入园第2周第1天）	大哭着来园，抓住自行车小椅子的扶手不让妈妈往下抱，被强行抱下来之后坐在地上大喊："妈妈别走……"	不肯参与活动，抽泣，抱着小熊玩具，吮着手指紧盯着屋门。自由活动时尿湿了裤子，大哭	经老师劝说后才肯进食，吃得很慢、很少，食物剩了一半	抱着小熊玩具坐在床上，经老师劝说后躺下，小声哭着说："妈妈，妈妈来……"	精神不振，不参与活动，老师一和他说话就开始哭泣
9月15日（入园第3周第1天）	大哭着来园，妈妈将他从车上抱下来交给老师，他没有特别挣扎，只是哭喊："妈妈别走……"妈妈离开后抓着老师的衣襟，一直跟着老师	没有参与活动，抱着小熊玩具，吮着手指，偶尔会看一下老师和小朋友的活动，老师请他参与活动，随即低头，不说话，也不动	要求老师喂饭，老师为照顾其他小朋友需要离开时，他便眼睛发红，带着哭腔说："老师来……"	抱着小熊玩具躺在床上，小声说："老师来……"老师过来后让他闭上眼睛，他抓着老师的手慢慢睡着了。醒来后发现老师不在身边，大哭	老师牵着他的手鼓励他玩滑梯，他迟疑了一会儿，终于慢慢爬上去滑了下来，微笑。老师带领小朋友为他鼓掌，并鼓励他继续排队玩滑梯，他虽然表情有些紧张，但还是照做了

　　从家庭环境进入幼儿园，对于幼儿来说，是他们遇到的非常大的挑战，他们离开家人进入陌生的环境，有着诸多的不舍和不适应。

　　本案例中，君君刚入园时有着非常强烈的反应，出现了哭闹、语言重复、依赖小熊玩具、吮手指等一系列行为，在新入园幼儿中属于较严重的情况，焦虑情况改善得也比较慢。老师与君君家长沟通后，发现君君上幼儿园之前，主要是由妈妈全职在家看护，因为居住的楼层较高，没有电梯，君君很少外出和社区同龄小朋友玩耍，所以比较依赖妈妈，胆子也比较小。人类个体早期的依赖是一种生物适应性行为，是一种生存的能力和手段。由于生理的不成熟，幼儿需要成人的照料，但是如果成人不给幼儿锻炼自理能力的机会，就会造成幼儿的过分依赖，导致幼儿无法正常生活，如无法自己吃饭、盥洗、穿脱衣服、上厕所等。进入幼儿园以后，由于班里的幼儿都需要照顾，老师无法将每一个幼儿都照顾得很全面，很多时候幼儿要独自完成一些事。幼儿如果不具备一定的自理能力，就会在幼儿园集体生活中受挫，进而不愿意上幼儿园。

　　从观察记录中看出，虽然君君进步比较慢，但是在老师的帮助下，他的状态还是有所改善的。

　　（1）来园时君君虽然仍然会大哭，但是第3周没有过多挣扎，也没有坐在地上。

　　（2）虽然醒来后因发现老师不在而大哭，但是午睡成功了。

　　（3）虽然比较被动，但是最后还是参与了玩滑梯的活动，这是一个非常大的进步。这说明他逐渐接受了幼儿园的生活。君君从对妈妈和小熊玩具的依赖，转变为对老师的依赖，说明他部分接纳了幼儿园的生活，同时依旧存在焦虑情况。

对此，老师给出如下家园配合计划。

（1）家长应该为君君创造更多的外出玩耍的机会，尤其应该让他多和社区同龄幼儿一起玩。

（2）自理能力差会使幼儿的幼儿园生活变得困难，加重幼儿的不安全感，所以家长应积极培养君君的自理能力。

（3）君君从幼儿园回到家中，家长应该多问他幼儿园里发生的有趣事情，激发君君对幼儿园的美好感受。

（4）老师在给予君君陪伴的同时，要多找机会让他融入集体。

两个月后，君君来园时不再哭闹，可以自己吃饭、小便（大便后还需要老师帮助），午睡时可以自己穿脱衣物，能够参与幼儿园的各种活动，对老师的依赖也明显减轻，交到了朋友，笑容越来越多。

案例 5-4

可可，女，三岁半，入园两个月，早上来园时表情痛苦，但没有明显的哭闹行为，吃饭、饮水、如厕、午睡、穿脱衣物等都能较好自理，只是在幼儿园几乎不说话，老师和她说话她都是用点头和摇头回应，只有在向老师提要求时才会说话，如"我想去小便"。但是她对老师和其他小朋友的言行非常关注，尤其注意老师的言行，老师有什么要求会赶紧照做。老师与家长沟通，了解到她在家里话很多，会将幼儿园发生的许多事情详细地告诉家长，如某个小朋友一直哭着找妈妈，某个小朋友排队的时候离开队伍，某个小朋友吃饭的时候把汤洒了，某个小朋友尿裤子了……妈妈问她为什么在幼儿园里不说话，她说她不敢说，她害怕被老师批评，怕其他小朋友打她。其实她是一个自理能力很强、很乖巧的孩子，老师从来没有批评过她，偶尔还会表扬她做得好，她也没有和其他小朋友发生任何冲突。

这是一名因为入园焦虑而产生"选择性缄默"的幼儿。她的语言、智力、自理能力发展得很好，但是她因为安全感的缺失而陷入紧张焦虑之中。美国人本主义心理学家马斯洛认为人的需要有 5 个层次：生理需要、安全需要、归属与爱的需要、尊重需要、自我实现需要。其中，生理需要和安全需要是人最基本的需要。幼儿由于无力应对环境中不安全因素的威胁，他们的安全需要就显得尤为强烈。

幼儿入园适应过程中出现的种种问题，其本质是基本需要，尤其是安全需要的暂时性缺失。幼儿离开熟悉的家人和家庭环境进入幼儿园，周围是陌生的环境和人，还要受到一系列集体生活规则的约束，因而他们会产生极大的不安全感，会觉得自身安全受到威胁。有的幼儿会大哭大闹，有的幼儿则表现得很拘谨。

本案例中，可可把老师对其他小朋友正常的行为指导当成批评，看到其他小朋友起了争执，就把其他小朋友都当成潜在的威胁，所以"害怕被老师批评，怕其他小朋友打她"。她默默地观察周围，听从老师的要求，处处小心谨慎，循规蹈矩，紧张得不敢说话，这本质上是一种安全感的缺失。幼儿如果长期处于这种消极情绪状态，就会严重影响自身的身心发展，甚至会发展成为"社交恐惧症"。

针对可可的情况，教师给出如下指导策略。

（1）虽然她不和教师讲话，但是教师可以经常亲切地和她讲话，夸奖她，如夸她自理能力强，让她知道教师喜欢她。

（2）由于可可的观察力和理解力都很强，教师在集体活动的时候可以告诉可可接下来要做什么活动，做了这个活动对她有什么好处，帮助可可理解集体活动和规则的意义。

（3）教师要告诉可可，犯了错没关系。教师纠正小朋友的错误，是因为爱小朋友，即使犯错，教师还是喜欢他们的。

（4）家长和可可进行与幼儿园相关的谈话时，尽量往正面引导。例如，可可告诉妈妈幼儿园的小朋友尿了裤子，妈妈可以问："后来怎么样了？老师有没有帮小朋友换裤子？有没有帮小朋友洗裤子？老师爱不爱小朋友？"妈妈要让可可知道老师告诉小朋友想尿尿要跟她说，不是在批评小朋友，而是为了帮助小朋友不再尿裤子，因为尿湿裤子很难受。又如，可可说两个小朋友因为抢玩具打了起来，妈妈可以问："后来怎么样啦？他们是不是又和好了？他们和好以后又玩了什么？你觉得他们开心吗？"

（5）安排较为活泼友善的小朋友坐在可可旁边，让她们的床位也挨着，这样既可以让可可观察、学习同伴的表现，又可以让两名幼儿自然地接近、交往。

两周后，老师跟可可说话的时候，可可虽然声音很小，但还是回答了。老师及时夸赞的声音真好听，此后她说话的声音逐渐大了起来，她也有了好朋友。两个月后，可可虽然还是话不多，但是来幼儿园时会笑着和妈妈说再见，笑着向教师问好。她在课堂上的表现更是让老师惊讶，每次老师提问，她都会举起自己的小手，并且答得很好。

需要注意的是，与以大哭大闹为主的入园焦虑幼儿相比，这种"安静型"的入园焦虑幼儿特别容易被教师忽略，尤其是在新入园幼儿特别多的情况下，所以教师要注意观察，及时发现并给予指导。

三、入园焦虑解决措施

对家长的依赖，对陌生环境的害怕和不适应，生活习惯的改变，以及一定自理能力的缺乏，这几方面因素相互作用，使幼儿产生入园初期的焦虑情绪。

入园焦虑的干预措施有很多，针对不安全的认知、负面情绪和逃避的行为这 3 个问题，提出以下解决措施。

1. 做好入园前家访

在幼儿正式入园前，教师要对每位幼儿进行家访，认真倾听家长对幼儿生活习惯和脾气禀性的介绍，提醒家长为幼儿入园做一些准备工作，如准备一些替换的衣服、幼儿心爱的玩具等。教师可以和幼儿做一些交流，让幼儿熟悉自己，增强幼儿对自己的信任。而家长通过与教师进行有效的交流，对幼儿园也会更加放心，进而缓解自身的焦虑。

2. 让幼儿提前了解并熟悉幼儿园的情况

家长可以提前带幼儿参观幼儿园，熟悉幼儿园的环境，初步体验幼儿园的生活。家长要让幼儿知道幼儿园是小朋友学习本领、玩耍的地方，在这里能够玩到许多新玩具、结交许多新朋友，有教师和小朋友一起玩，以激起幼儿想上幼儿园的愿望。

3. 培养自理能力

幼儿如果在入园前不具备生活自理能力，那么适应幼儿园的生活将有一定困难。家长要了解幼儿园的日常生活，有目标地培养幼儿的生活习惯和自理能力，如自己大小便、吃饭、盥洗、穿脱衣服等，以便幼儿尽快适应幼儿园的生活节奏和要求，减少幼儿对家长的依赖。

4. 培养幼儿的社会交往能力

家长要使幼儿的交往范围扩大，减少其对家长的依赖，帮助幼儿建立人际关系和社会关系。入园前，家长要有计划地扩大幼儿的交往范围和活动空间，帮幼儿找玩伴，让幼儿多和其他幼儿接触，引导幼儿主动与他人交往。家长之间也要多接触，帮助幼儿建立良好的人际关系和社会关系，初步建立交往的信任感和安全感。

5. 增加安全感

家长和教师要告诉幼儿，早上送其进幼儿园，晚上一定会来接，让幼儿知道并不是永远见不到家长了。

6. 尊重与接纳幼儿的情绪

如果幼儿因为想妈妈而哭泣，教师不要强行劝阻，也不要给幼儿灌输"哭了就不是好孩子了""乖孩子不哭"的观念。哭泣虽然不能改变离开妈妈上幼儿园的事实，但能宣泄思念妈妈、见不到妈妈的痛苦，适当的情感宣泄有助于幼儿心情的平复和情绪的调节。

7. 及时共情

当幼儿哭着说想妈妈了，教师可以共情说："嗯，我知道你很伤心，你想妈妈了，我可以陪着你。""很多人会因为妈妈不在身边难过地哭，我小时候也这样。""你想妈妈，妈妈一定也想你，妈妈很爱你，她下班后就会尽快来接你。"

8. 严重焦虑，个别对待

有经验的教师都深有体会，每年新入园的幼儿中都会有几名特别的幼儿，其入园焦虑程度超出正常幼儿。教师应当予以特殊关注，与家长积极沟通并制定有效的方案消除其入园焦虑情绪，如开辟专门的活动室以稳定幼儿的情绪，为拒绝进食的幼儿准备一些小点心。同时，家长和教师对幼儿要有耐心，循序渐进，不可操之过急，否则会适得其反。

9. 调整家长焦虑

入园焦虑不仅体现在幼儿身上，幼儿入园前后，很多家长也会出现不同程度的焦虑，主要是担心幼儿在幼儿园的环境中是否能够正常学习和生活，教师是否能够对幼儿及时照顾。受一些社会舆论的影响，甚至有些家长还会担心幼儿在园中是否会受到教师的惩罚。因此，一些家长在送幼儿来园时，神情焦虑，依依不舍。家长的不安情绪很容易影响幼儿，也不利于幼儿尽快适应幼儿园。

教师应与家长建立紧密的联系，主动和家长交流幼儿在园情况，使其随时了解幼儿的动态，争取家长的配合，以便共同帮助幼儿克服不良情绪。

10. 简化分离模式

有的家长在送幼儿入园时，和幼儿在幼儿园门外纠缠很久，家长一旦要走，幼儿就哭，幼儿一哭，家长就再待一会儿。这段时间里，幼儿的内心越发排斥幼儿园，不断地体验家长将要离开的痛苦，这反而强化了离别的痛苦，对缓解入园焦虑是不利的。家长与幼儿纠缠的时间越长，幼儿的入园焦虑就越严重。家长在幼儿园门口的分离模式应尽量简单一些，如愉快地说："再见！""妈妈一下班就会赶快来接你。"然后果断离开。

11.　坚持每天送园

家长如果没有身体不适或生病，应坚持每天送园，不要因幼儿的哭闹就"三天打鱼两天晒网"，这会给幼儿带来更长久的痛苦。有的家长为了让幼儿慢慢适应幼儿园，喜欢让幼儿先上一段时间半天制幼儿园，逐渐改为上全天制幼儿园，但是从半天制改为全天制，因为接送时间的改变，会给幼儿带来新的不安和痛苦。

12.　规范自己的言行

家长和教师的不当言行会加重幼儿的入园焦虑。有的家长在幼儿顽皮或不听话时会说："再不听话就送你去幼儿园。""再哭，就不来接你了。"前者会让幼儿认为上幼儿园是一件不好的事情，是对自己的惩罚，这会加重幼儿对幼儿园的排斥和厌恶情绪；后者会让幼儿感到自己被抛弃，进而强化幼儿对上幼儿园的不安全感和恐惧感。家长和教师应该避免类似的语言。

13.　适当参加一些亲子活动

家长与幼儿积极参加幼儿园组织的各种亲子活动，可以帮助幼儿尽快适应幼儿园的环境，有效地缓解幼儿对陌生环境的紧张情绪，特别是家长对幼儿的陪伴，会促使幼儿适应幼儿园的生活并体验到集体生活的乐趣。

需要注意的是，许多应对幼儿入园焦虑的解决措施需要幼儿园和家长在幼儿入园之前提前做好准备。因此，家长要注意科学育儿知识的学习，幼儿园则要提前对家长进行相关知识的宣教。很多幼儿园都会提前半年到一年甚至更长时间进行预报名，并在家长预报名的时候对家长进行宣教，如发放传单和小册子、开展讲座等。幼儿园与家长密切配合，为幼儿入园打好基础、做好准备，以预防为主来应对幼儿的入园焦虑，会起到事半功倍的作用。

第三节　幼儿情绪表达与调节指导

喜、怒、哀、乐、恐惧、失望等情绪是人的正常反应，情绪没有对错之分，幼儿作为独立的个体，也有表达自己情绪的需求，而且需要得到尊重和理解。幼儿失望或受伤时会伤心哭泣，经历或看到可怕的事情时会恐惧，玩具被抢走时会愤怒……家长和教师要允许幼儿有这些情绪，引导幼儿自然地将其表达出来。

如果不重视幼儿的情绪，一味要求幼儿生气、失望时不准哭，害怕时要勇敢，做一个"不哭不闹的乖孩子"，就会压抑幼儿的情绪，加重幼儿的痛苦。长期的情绪不良和情绪压抑有可能导致幼儿产生焦虑、抑郁、攻击性行为、退缩行为、人际关系不良等问题，影响幼儿未来的发展。

一、案例分析

案例 5-5

千寻是一个 5 岁的男孩，长着大大的眼睛，聪明活泼，语言能力发展得很好，但自理能力较差。有一次下雨打雷的时候，江老师发现他坐在自己的位置上，面色苍白，两眼发直，不停地哆嗦。江老师问他："千寻，你是不是害怕？"他依旧两眼发直，没有反应。江老师赶紧将他抱在怀里，他依旧瑟瑟发抖。这时千寻的妈妈冒雨匆匆赶来，她从背包里拿出一个厚厚的棉帽给千寻戴上遮住耳朵，又将他紧紧搂在怀中，直到雷雨过去。

此后，江老师注意到，一般预报有雷雨天气的时候，千寻都不会来园，偶尔有意外的雷电天气，千寻的表现都和之前一样，江老师百般安慰都不能令他缓解。

有一次雷电过去以后，江老师问千寻："千寻，你很怕打雷，是吗？"

他的表情立刻紧张起来，脸色变得苍白，但是令人意外的是，他咬着嘴唇，轻轻地摇了摇头。

江老师联系了千寻妈妈，她告诉江老师，千寻从小就害怕打雷，一打雷就大哭，所以打雷时自己就会将他抱在怀里用棉被捂上他的耳朵，直到雷雨过去。但是千寻爸爸的脾气比较急躁，随着年龄增大，千寻害怕打雷的情况没有缓解，爸爸就觉得他缺乏锻炼。因此，如果是爸爸在打雷的时候陪他，就不允许他捂耳朵或者大哭，要求他做一个勇敢的人。爸爸和妈妈就千寻怕打雷的问题一直没有达成一致意见。当预报有雷雨天气的时候，妈妈一般都会请假在家陪千寻。千寻怕打雷的情况不仅没有好转，反而加重了。

幼儿在出生后失去了母体给的安全感，任何他不熟悉的事物，如光线、声音、动物、黑暗都可能会使其产生恐惧感，这是正常的情绪反应。但是本案例中，千寻的恐惧情绪要比一般幼儿重，这与家长的处理方法不当且不一致有很大的关系。妈妈对千寻较为溺爱，平时在生活上对其照顾过多，这从千寻的自理能力较差就能看出。孩子害怕打雷，妈妈给予陪伴、安慰是可以的，但是千寻妈妈安慰千寻的办法不太恰当，炎热的夏天还要让其戴上棉帽或裹上棉被，这会强化雷电是非常可怕的事物的概念。而千寻爸爸则指责千寻胆小，甚至不允许他大哭和捂耳朵。这样会对幼儿的自尊心造成极大伤害，不仅改变不了幼儿胆小的状况，反而可能会使幼儿对雷电的惧怕情绪加重。这种情况长期得不到缓解，还有可能发展为恐怖症。

针对这种情况，江老师给出以下指导策略。

1. 陪伴

千寻怕打雷主要是因为缺乏安全感，因此打雷闪电的时候，家长和教师应尽量陪在千寻身边，可以抱着他，让他更有安全感。

2. 不要责备、嘲讽

允许千寻害怕，告诉他很多人小时候都害怕打雷，想哭可以哭出来；也可以和他聊天，引导他说出自己的感受。

3. 转移注意力

陪千寻说说话，逗逗他，分散他的注意力。

4. 做好科普

家长和教师可以告诉千寻雷电是怎样形成的，距离有多远，怎样避免雷电的伤害等科学知识，还可以带千寻到科技馆观看雷电形成的原理演示，逐渐减轻或消除千寻对雷电这种自然现象的恐惧感。

5. 培养独立性和自信心

日常生活中，家长和教师不要过分呵护千寻，要鼓励其主动面对困难，克服依赖性，使他感到自己有办法应对发生在身边的事。同时告诉千寻，爸爸妈妈相信他能够逐渐克服恐惧。

6. 坚持送园

有雷雨时不要让千寻躲在家里不上幼儿园，这样会强化千寻对雷电的恐惧心理，妈妈应该相信教师可以在幼儿园里照顾好千寻。

7. 态度一致

千寻的家长应该多学习一些幼儿心理方面的知识，妈妈少一些溺爱，爸爸少一些苛责，达成对千寻害怕雷电这一问题的共识。

两个月后，雨季结束之前，千寻有了很大的进步，虽然打雷时还是有些紧张，但是不再发呆、发抖，在家长和教师的耐心陪伴下，他再也不需要在打雷时用棉被或棉帽捂着耳朵了。

二、引导幼儿进行情绪表达与调节的对策

1. 尊重和接纳幼儿的情绪

当幼儿有情绪时，家长和教师首先要明白这是幼儿的正常反应，不要以错误的观念要求幼儿。家长和教师要学会尊重并接纳幼儿的情绪。

2. 教给幼儿一些表达情绪的词语

不会使用情绪语言的幼儿，很难把自己的感觉表达出来，这会使幼儿在调适情绪时更容易陷入困境。研究显示，一个人如能以适当的言语表达情绪，便可以达到宽心或镇静的效果，因此教师可以教给幼儿一些表达情绪的词语，如喜欢、不喜欢、想要、不想要、开心、不开心、生气、失望、害怕等。教师跟幼儿讲话的时候，多用一些表达情绪的词语，幼儿听多了，自然就会使用这些词语了。示例如下。

"老师今天看到了彩虹，心里很开心。"

"小鱼死了我很伤心。"

"小朋友把绘本撕坏了，我很生气。"

"我一直希望下大雪，这样就可以堆雪人了，没下雪我好失望啊！"

3. 引导幼儿理解并表达自己的情绪

幼儿的情绪理解能力是其社会认知能力的重要组成部分，情绪理解能力的发展有助于幼儿表达自己的感受，预测他人的感受和行为，对幼儿提升情绪调节能力及社会适应能力来说非常重要。

4. 给幼儿哭的权利

幼儿习惯以哭来表达自己的情绪，伤心时哭，害怕时哭，着急时哭，生气时也会哭。一些成人认为哭是一个不好的行为，总是想尽办法制止幼儿哭。其实哭是人表达情绪的一种方式，哭对人的心理、身体等都有保护作用。因此，教师和家长应该给幼儿哭的权利。

5. 学会倾听

当幼儿有情绪需要倾诉时，家长和教师要理解幼儿并认真倾听，而不是急着讲大道理。等幼儿说完了，也许他的心情就好了。

6. 及时共情

当幼儿有情绪时，家长和教师在第一时间不应否定或忽略其情绪，而应与之共情，这样不但可以有效安抚幼儿的情绪，还可以增进师幼关系、亲子关系。

"别的小朋友都被接走了，妈妈还不来接你，你是不是很着急呀？"

"丫丫抢了你的绘本，你是不是生气了？"

"玩具摔坏了，你难不难过啊？"

"刚才打雷，你害怕了吗？"

教师通过这些共情的表达，可以引导幼儿说出自己的感受。

7. 当好情绪表达的榜样

有的家长会恐吓幼儿："再不听话，就把你扔到街上！"有的家长和教师在幼儿有情绪时会重重地拿放东西，甚至扔东西、摔东西。成人表达情绪的不当方式很容易影响幼儿，家长和教师应该学习用正确方式表达自己的情绪，给幼儿做正确的示范。

8. 引导幼儿自我调节

家长和教师应告诉幼儿有情绪时可以哭泣、深呼吸或者看看天空，当控制不了自己的情绪时，可以想一些有趣的事情或者向家长和教师倾诉。

第四节　幼儿教师的情绪管理

幼儿教师的教育对象是尚不能自我保护的幼儿，如果幼儿教师无法正确管理自己的情绪，不仅会影响保教工作，还会对幼儿产生不良影响。上幼儿园是幼儿离开父母怀抱与社会接触的第一步，如果幼儿教师不懂得情绪管理、缺乏自控力，这对幼儿的身心发展是非常不利的。

一、案例分析

案例 5-6

日记一：今天肚子特别痛，但是该干的事情一样也不能少，吃午饭的时候，彬彬尿湿了裤子，我一边安抚他，一边帮他清理，给他换上备用的裤子。收拾好之后，彬彬的饭也凉了，我赶紧让食堂帮他热好，看着他吃完午饭又该安排孩子们午睡了。"你还没吃饭，赶紧让食堂给你热一下，这里我看着。"陈老师说。唉，已经饿过了，不吃了，也吃不下，还有一条脏裤子等着我洗……

　　孩子们刚离园，我们还在打扫教室，彬彬的家长就在微信群里问彬彬尿湿裤子是不是因为在幼儿园里吃得不好，语气很不客气。其他的孩子都是好好的，彬彬自理能力本来就差一点，以前也有尿湿裤子的情况。唉，没有吃午饭，头还很晕，小腹很痛，再无奈也得耐心解释。

　　日记二："诺诺把衣服上的星星吃进嘴里了。"美术课上有孩子大声喊，我赶紧冲到诺诺面前，让她张开嘴，幸好，还没有咽下去，原来是衣服上粘的亮钻。"诺诺，不能随便往嘴里放东西，老师以前跟你说过的呀！"不知道是我刚才冲到孩子面前的速度太快了，还是我的语气有些重，孩子害怕地哭了起来。我赶紧安慰她："诺诺别怕，老师不是凶你，老师是担心你把星星吃到肚子里有危险。"副园长闻声赶来，长篇大论地跟我说幼儿教师要眼观六路、耳听八方，要有责任心、职业道德……可是这件事也就发生在我转身在黑板上画画的几秒内，真想爆发，真想转身就走，可是还有那么多可爱的孩子在看着，沉默吧。

　　日记三：我爱孩子们，每天蹲着上课累得腰酸背痛，备课、说课、写报告、写总结，不仅收入低，还要承受家长和园长给的压力，今天发生的事情我真的无力诉说。真怕有一天会对天真无邪的孩子们发火。我还能坚持多久？

　　从这位幼儿教师的日记中可以看出，这位幼儿教师有着很高的专业素质和道德修养，但是在繁重的工作、较低的收入、领导和幼儿家长给的压力以及身体劳累等因素的影响下，心理压力逐渐积聚，处于心理失衡和情绪失控的边缘。

二、幼儿教师的不良情绪对幼儿教育的影响

　　幼儿阶段是一个人性格形成的关键时期，幼儿教师积极乐观的情绪有利于幼儿在潜移默化中获得有益的影响，而幼儿教师消极倦怠的不良情绪，不仅会影响其个人的发展，也会对幼儿发展产生不利影响。

　　（1）幼儿教师情绪低落，精神不振，声音低沉无力；课堂索然无味，气氛沉闷无生气，势必会影响幼儿的学习兴趣和教育效果。

　　（2）幼儿教师心烦意乱，心不在焉，注意力难以集中，讲课时频频出错，这会导致幼儿思维混乱，无所适从。

　　（3）幼儿教师情绪冲动，容易发怒，常常对幼儿发无名之火，这会导致幼儿情绪压抑，积极性受挫。幼儿正处于身心发展的高速期，在幼儿园的日常生活中，幼儿教师的情绪会通过语调、语气、语意、语速以及肢体语言影响幼儿，如果幼儿教师不能够及时调节和控制自己的不良情绪，必然会使幼儿对幼儿教师和幼儿园感到厌恶甚至恐惧，这对幼儿的心理健康和全面发展都会产生不良影响。

　　（4）幼儿年龄小，情绪不稳定，且模仿性、受暗示性强，如果幼儿教师不能很好地管理自己的情绪，幼儿很容易习得幼儿教师不良的情绪控制模式。

三、幼儿教师不良情绪调节策略

（一）幼儿教师产生不良情绪的原因

北京师范大学教育学院曾对北京市 50 所幼儿园的 447 名幼儿教师进行问卷调查，结果显示：88.5%的受试者感觉自己经常处于疲惫不堪的状态，86.7%的受试者总担心出事故，65%的受试者反映自己常感烦躁。造成这种现状的原因有很多，主要体现在以下几个方面。

1. 工作任务繁重

幼儿教师每天都有很多工作要做，案头工作占用了他们大量的休息时间，这是导致幼儿教师工作时间长、工作负担重的最直接原因。据统计，平均每位幼儿教师每个学期的案头工作达 17 种，且名目繁多，主要包括写教案、分析个案、摘抄、写计划、写观察记录、写教养随笔、写会议记录、开展科研、写工作总结、家园联系、写报告、写演讲稿、学习及制作各种教具等。很多幼儿教师不得不经常在家工作。有的幼儿园还频频举办公开课、技能比赛，这也需要花费幼儿教师大量的时间和精力。

2. 收入偏低

幼儿教师责任重大，但其收入总体来说并不高，尤其是与繁重的工作付出不成正比。"高投入、低回报"的现状使幼儿教师缺乏社会认同感。这对幼儿教师也是很大的心理冲击。

3. 人际关系复杂

除了协调自己生活中的人际关系、情感问题外，幼儿教师还要处理好师幼关系、同事关系、上下级关系、与家长的关系，还要帮助幼儿处理好同伴关系。

4. 社会舆论压力

公众对于幼儿教师这一职业普遍缺乏正确的认识，有些人根本不理解幼儿教师，他们认为幼儿教师就是负责看孩子的，如果幼儿在幼儿园被其他幼儿打伤，就是幼儿教师不负责任，要为幼儿讨回公道。同时教育改革也不断对幼儿教师职业提出新的要求和期望，使幼儿教师不断面临新的挑战，这些要求和期望给幼儿教师带来了较大的压力。

5. 生活烦恼

幼儿教师作为普通人，也会在生活中遇到各种烦恼，如个人感情、家庭纠纷、子女教育、赡养父母、经济压力等，如果不能及时调整，也会影响其心理状态。

6. 心理承受力较弱

一般来说，心理承受力较弱的幼儿教师，调节不良情绪的能力也比较弱。

（二）幼儿教师心理状态的自我调节

幼儿教师保持健康的心理状态，既是做好本职工作、帮助幼儿健康发展的前提，又是体验职业价值和享受美好生活的保证。幼儿教师可以从以下几个方面入手，来调节心理状态。

1. 树立正确的儿童观，允许幼儿犯错误

幼儿教师的教育对象是 3～6 岁的幼儿，他们年龄较小，分辨是非的能力较差，经常做一些不该做的事，甚至反复犯同样的错误。这是该年龄阶段幼儿心理发展的特点。幼儿教师如果不能正确看待幼儿的这些特点，经常处于不良的心理状态，就有可能因情绪失控而对幼儿发脾气。如果幼儿教师对幼儿心理发展的特点有科学正确的认识，愤怒自然就不易产生了。

2. 认识自己的情绪，释放不良情绪

当幼儿教师感到自己不快乐或情绪出现问题时，要善于认清情绪问题出现的原因是身体不舒服，还是人际关系没处理好或工作压力太大等。当意识到自己不快乐的原因时，幼儿教师应立即反省情绪源于自己的态度和行为，多想事情好的方面，放松自己，避免苛求于人，承认面对某些事情时也会无能为力，从而让情绪由激动紧张慢慢转向冷静。争取家人的理解和支持，多与他人沟通交流，多倾诉、宣泄，倾听他人的工作生活感受和经验等，这些都有助于幼儿教师缓解和释放不良情绪。

3. 建立良性的思维模式

看到园长脸色不好，有的幼儿教师可能会认为园长对自己的工作不满意而紧张焦虑；而有的教师则会觉得园长是不是太忙和太累了，从而关心问候园长。艾斯利认为人总是根据自身的信念、期待、价值观、意愿、欲求、动机、偏好等来解读事物。因此，事物本身所处的刺激情境并非引起个人情绪反应的直接原因，个人对刺激情境的认知、解释和评价才是引起情绪反应的直接原因。换一个角度思考问题，往往可以避免负面思维模式造成的伤害。

4. 重视休闲娱乐，调整生活节奏

幼儿教师要善于忙里偷闲，参与一些有益身心健康的活动，如家庭或朋友聚会、运动、读书、养花或宠物等。丰富的生活既可以极大地改善一个人的心态、调节一个人的情绪，又可以对其职业心理产生积极的影响，从而提高其心理健康水平。

此外，幼儿教师还可以听心理健康方面的讲座，增加心理健康方面的知识，增强心理能量。

第五节　家长的情绪管理

家长对幼儿的情绪发展也会产生深远的影响，因而家长特别需要重视自身的消极情绪对幼儿的不利影响。

一、案例分析

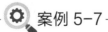
案例 5-7

下面是一个 6 岁的孩子哭诉父母吵架的过程。

"我爸爸不小心把妹妹磕着了，然后我妈妈就开始说我爸爸，我爸爸也开始指责妈妈做得不对的地方……"

"爸爸妈妈总是因为一些小事吵架，我都不明白他们为什么要这样。他们吵架时也不管我，我就在一边哭泣。我都不知道我爸爸妈妈是怎么想的。"

孩子的哭诉让人心疼，孩子的懂事更让人心疼，而这对夫妻只知道互相指责对方。

> 孩子稍微平静下来，说自己的愿望是"爸爸妈妈能重新回到镜子上方那张照片上的样子"。孩子说的那张照片，是这对夫妻甜蜜依偎的婚纱照。

家长是幼儿的第一任教师，家庭是孩子健康成长的港湾，如果家长在生活中不能较好地管理自己的不良情绪，就会给幼儿带来负面影响。

家长的情绪对幼儿心理健康发展有着深远的意义，因为家长是幼儿最早的情绪交流对象，也是幼儿最早的情绪启蒙老师，家长的一言一行都是幼儿学习的对象。因此，家长的情绪表达模式和情绪管理能力会直接影响幼儿的情绪发展。如果家长急躁易怒，就有可能导致幼儿做事战战兢兢，情感长期受到压抑而无法宣泄，甚至不断地否定自己，这对幼儿的个性发展会产生非常严重的影响。家长如果经常处于悲伤、郁闷的情绪中，幼儿也会用消极的眼光看待世界，变得悲观无望。家长的不良情绪还会影响亲子亲密关系的建立，让幼儿失去安全感。有的家长甚至时常把自己的情感和认知投射在幼儿身上，如愤怒时会打骂幼儿，这无疑会对幼儿造成不可弥补的伤害。

二、家长的情绪管理策略

家长情绪稳定，幼儿会更具幸福感和安全感。但是，家长在工作、生活、育儿等过程中难免会产生不良情绪，因而家长应该学会管理不良情绪，并采取合理的方法调节情绪。

1. 发现接纳

家长首先要发现自己的情绪，然后接纳自己的情绪。情绪有积极、不良之分，没有对错之分，接纳自己的情绪是情绪管理的关键一步。

2. 缓和宣泄

家长可尝试采用一些方法来缓和、疏导甚至宣泄自己的情绪。

（1）深呼吸：深深地吸气，然后慢慢地吐出来，这有助于减慢血液循环和心跳速度，从而使人逐步冷静下来。

（2）微笑：回忆幼儿之前的一些可爱优秀的表现，对着镜子提拉一下自己的脸部肌肉，努力让自己微笑。

（3）语言暗示：在心里默念"不要生气，不要生气，不可以发火，不可以发火"，帮助自己缓和情绪。

（4）运动：跑几圈、快走几圈等，通过运动，将不良情绪宣泄出来。

3. 离开现场

如果家长发现上述方法不管用，自己马上要爆发了，可以选择迅速离开现场，避免做出过激行为。

4. 学习育儿知识

家长如果在育儿过程中经常出现不良情绪或失控行为，就需要加强对育儿知识的学习，掌握幼儿的身心发展规律，才能更好地理解幼儿，也就不容易产生不良情绪。

5. 适当回避

家长不要把工作上的情绪带回家，不要经常抱怨生活。夫妻争吵虽然难免，也一定要注意避开幼儿。

6. 补救反省

家长如果已经发火，如对着幼儿大吼甚至打骂幼儿，则要及时补救，应向幼儿道歉，承认自己的方式不对，尽量降低不良影响。同时，家长要对自己的行为进行反思，以免再次发生类似情况。

课后练习

1. 简述幼儿发脾气、入园焦虑的观察要点。
2. 简述幼儿入园焦虑的原因及指导对策。
3. 简述幼儿教师及家长的情绪管理策略。
4. 如何指导幼儿表达和调节情绪？

实训任务

1. 请在抖音、微信视频号等平台查找幼儿发脾气的视频，分析可能的原因，并给出指导对策。
2. 分小组讨论：幼儿教师应当如何进行情绪管理，保持身心健康。

06

第六章
幼儿认知发展的观察分析与指导

素质目标

1. 尊重幼儿的认知发展规律，进一步强化科学的儿童观、评价观。
2. 强化问题意识、研究意识及严谨的科学态度。
3. 进一步培养观察的主动性、敏感性、全面性。

知识目标

1. 理解游戏在幼儿认知过程中的优势。
2. 掌握利用游戏促进幼儿认知发展的策略。
3. 掌握幼儿记忆力的观察要点。
4. 掌握幼儿注意力的影响因素及指导策略。
5. 掌握性别教育行为指导策略。

能力目标

1. 能利用游戏提升幼儿的认知发展水平。
2. 能根据幼儿的认知发展水平提出合理的教育建议。
3. 能够利用最近发展区理论培养幼儿认知的兴趣。

学海导航

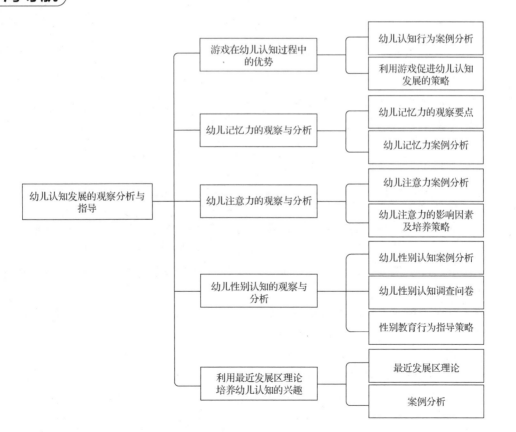

认知是人认识外界事物的过程，或对作用于人的感觉器官的外界事物的相关信息进行信息加工的过程，即个体对感觉信号进行接收、检测、转换、简约、合成、编码、储存、提取、重建、概念形成、判断等的信息加工处理过程。认知涉及感觉、知觉、记忆、思维、想象、语言等。本章将介绍如何根据幼儿的认知发展规律，通过行为观察来指导幼儿，从而增强幼儿的认知兴趣和提高幼儿的认知发展水平。

第一节　游戏在幼儿认知过程中的优势

游戏是符合幼儿年龄特点和心理发展水平的活动形式。教育家苏霍姆林斯基说过："游戏犹如火花，点燃了探索求知的火焰。"幼儿在游戏中通过探索环境，在接触物体的过程中获得知识并解决问题，从而潜移默化地学到更多的知识。在游戏过程中，幼儿会不断地移动、触摸、聆听、观察，这些感官刺激有助于培养幼儿的注意力、观察力、想象力和思维能力。

一、幼儿认知行为案例分析

在方位认知中，幼儿对左右的掌握是较为困难的，简单讲述难以加深幼儿的认知，通过一系列游戏则可能实现预期目标。

案例 6-1

1. 摸鼻子

师：现在开始摸鼻子游戏。先把你的小手放在鼻子上，老师说哪你就指哪，如果指错了，就赶快改正过来，注意听口令。

鼻子，鼻子，左眼！

鼻子，鼻子，右耳！

鼻子，鼻子，左肩！

鼻子，鼻子，右腿！

师：那么你知道哪只手是左手，哪只手是右手吗？

幼：画画的那只手一般是右手，不画画的那只手一般是左手。

幼：吃饭时，拿勺子的那只手一般是右手，扶碗的那只手一般是左手。

师：小朋友们很棒。通常，我们画画和拿勺子的那只手是右手，现在用右手给老师打个招呼。同桌相互检查一下是不是用的右手。

师：现在听老师口令。用右手摸摸你的头发（同桌检查），用左手摸摸你的鼻子（同桌检查），用右手拍拍你的胸脯（同桌检查）。

师：好，非常棒。我们把右手边称作右，左手边称作左。在日常生活中，我们就是以自己身体的左右去判断物体的左右的。

老师小结：小朋友们说得真好。我们一般做事情时，都是以右手为主，左手帮忙。

例如，我们画画的时候一般右手拿着笔，左手按住本子，这样画出来的画才漂亮。可见，左手和右手是一对好朋友，它们能合作完成很多事。小朋友们之间也应该互相团结、互相帮助，这样才能做很多事。

2. 找一找

师：其实在我们的身体上还有很多像左手和右手这样的好朋友，你能把它们找出来吗？我们的身体上还有哪些一左一右的好朋友？（对同桌说）

师：刚才小朋友们从自己身上找出了很多像左手和右手这样的好朋友，你知道它们有什么共同的地方吗？

幼：都有左右之分。

师：对，左右是一对好朋友。

3. 通过小游戏进一步认识左右

师：下面我们一起来做"听口令、做动作"的游戏。比一比，看谁的反应又快又准。

伸出你的右手，伸出你的左手；

拍拍你的左肩，拍拍你的右肩；

…………

老师示范，然后请小朋友单独做一次。

4. 体验左右相对性

老师请一名小朋友上台站在自己旁边，让他和自己同时伸出右手，让其他小朋友观察两只手是否在同一侧；然后老师和小朋友慢慢转身，直到面对面，同时让其他小朋友仔细观察两只手并说出自己的发现。

让小朋友们都伸出右手，身子不要动，先用眼睛看一看大家的右手是不是在同一边；然后让互为同桌的两个小朋友慢慢转身，直到面对面，并说说自己的发现。

老师小结：当你们方向一致时，左右是一致的；当你们面对面时，你们的方向是相对的，左右是相反的。像这样的例子（课件展示上、下楼的情境）在我们的生活中还有很多。

师：上楼的小朋友和下楼的小朋友都是靠右行走的吗？你有什么发现？

老师小结：我们在判断的时候以走路人为标准，所以就出现了画面中的情况。虽然他们都是靠右行走，可有的小朋友上楼，有的小朋友下楼。想一想生活中还有什么时候要靠右行走？不管是上下楼，还是在马路上走，都要礼让右行，遵守交通规则，保证安全。

在认识左右时，教师通过让幼儿找自己身体上的左右的方式进入游戏，使幼儿在不知不觉中参与学习的过程，这样幼儿便可以在玩中学，在玩中悟。

教师通过让幼儿分享如何确定自己的左右，使幼儿获得了大量的感性材料，初步了解了左右的基本含义；接着又让幼儿用左右来描述自己的同桌的位置，感受左右，训练幼儿的语言表达能力和反应能力。

在教左右相对性时，教师巧妙地设疑让幼儿判断教师仲的是不是右手，这样很快抓住了幼儿的注意力，引起了幼儿的思考。接着教师让幼儿伸出右手与教师进行比较，并适时提问：你们是不是伸错手了？你们有什么依据吗？于是，幼儿纷纷发表自己的见解，最后通过教师转身得到了验证。教师总结经验：面对面站着，方向不同，左右相反。

教师通过让幼儿"摸鼻子""找一找""听口令、做动作"等游戏，帮助幼儿进一步感受左右，训练方向感，有效地加深了幼儿对左右的认知。

二、利用游戏促进幼儿认知发展的策略

由案例 6-1 可以看出，游戏是包含了多种认知成分的复杂的活动，它是幼儿的最佳学习方式之一，对幼儿的认知发展具有非常重要的意义。不同游戏对幼儿认知发展的促进各有侧重，教师应该善于利用各种游戏来促进幼儿认知的发展。

1. 了解不同游戏对认知发展不同的促进作用

教师要善于利用不同的游戏促进幼儿认知的发展。例如，积木游戏可以帮助幼儿认识大小、形状、颜色，能够很好地促进幼儿视觉的发展；"摸物体、猜名称"的游戏可以发展幼儿的触觉；音乐游戏（"抢椅子""击鼓传花"）能够促进幼儿听觉的发展；爬攀登架游戏能让幼儿体会到空间和高度；跳皮筋、拉大锯等游戏可以很好地发展幼儿的语言能力；结构游戏（玩积木、玩沙子）可以极大地促进幼儿想象力和创造力的发展。

2. 考虑年龄特点

不同年龄的幼儿，适合参与的游戏不同。虽然有的游戏是幼儿自发进行的，有的游戏是教师组织的，但是在这两种游戏形式中，教师都不应被动旁观，而应通过提供不同游戏材料来促进幼儿的认知发展。因此，教师选择游戏时应当考虑幼儿的年龄特点和认知发展水平，使幼儿积极参与游戏。

3. 适当指导

在游戏过程中，教师既不能干预太多，又要在必要时给予幼儿适当的指导。例如，幼儿在游戏过程中，出现因兴趣减弱而无所事事或因与他人发生争执而退出游戏等情况时，教师要适时启发引导，让幼儿在享受游戏的过程中更好地发展自己的认知能力。

4. 不要过分强调结果

幼儿在游戏过程中的认知发展情况是存在个体差异的，教师不应过分强调结果（如认识了几种形状和颜色，学会了哪些科学知识），而应让每一个幼儿在享受游戏的过程中有所收获。

第二节　幼儿记忆力的观察与分析

记忆是幼儿认知的要素之一，是大脑对过去经验的反映，是较为复杂的心理活动过程。记忆包括识记、保持、再认或再现（回忆）3 个基本环节。识记是指识别和记住事物，从而积累知识经验的过程。保持是巩固已获得的知识经验的过程。再认是指识记过的事物再次出现时，能把它认出来。再现是指识记过的事物不在眼前时能回想起来。决定记忆力水平的 4

个要素分别为记忆速度的快慢，记忆内容在重现时正确与否，从记忆内容中提取所需要信息的速度，记忆保持时间的长短。本节将重点介绍如何观察分析与指导幼儿的记忆力。

一、幼儿记忆力的观察要点

（1）引发幼儿记忆行为的因素。
（2）幼儿的记忆动机（是教师的教学要求还是幼儿自己注意到的事物）。
（3）幼儿记忆内容涉及的范围。
（4）幼儿记忆态度（有意记忆/无意记忆）。
（5）幼儿记忆的速度。
（6）幼儿记忆的保持时间。
（7）幼儿从记忆内容中提取所需信息的速度。
（8）幼儿记忆内容的正确性。
（9）幼儿记忆的兴趣。

二、幼儿记忆力案例分析

幼儿掌握了语言之后，其记忆范围变得十分广阔，从家庭发展到学校、社会，从日常生活扩展到文化、科学、经济、政治、哲学等领域。

案例 6-2

美术课上，3 岁的萌萌给小房子涂完颜色，摸着自己的脖子说："涂好了！哎呀，累得我的'椎颈'都疼了！"

老师问萌萌："萌萌，什么是'椎颈'？"

萌萌指着自己的脖子说："老师，就是这里，电视上说老是低头玩手机或者写字画画，'椎颈'就会疼。"

"哦，萌萌，你说的是颈椎吧。"老师笑着说。

"对，是颈椎，老师，颈椎……"萌萌不好意思地笑了。

"不过萌萌你好厉害呀！这么小就知道颈椎在哪里。"老师摸着她的头发说。

萌萌摸着自己的脖子，嘴里不断重复："颈椎，颈椎，颈椎，这里是颈椎……"

幼儿的记忆具有很强的直观形象性和无意性。凡是与幼儿生活有直接联系、形象鲜明、能引起幼儿兴趣的具体事物，他们就容易记住。虽然"颈椎"对于幼儿来讲是生僻词语，但幼儿对其产生了兴趣又能将其联系到自己的实际情况，于是就产生了认知的需求。由此，幼儿的记忆范围逐渐扩大。

记忆的正确性指幼儿大脑中再现的内容与识记对象相符合的程度。幼儿记忆的正确性较低与其高级神经系统发展水平较低有关。幼儿大脑皮质的分化尚未完成，其对复杂的材料不善于做精细的分析，识记时不求甚解，因而记忆的正确性较低。幼儿年龄越小，该特点就越明显。萌萌把颈椎错记成"椎颈"就符合其年龄的记忆特点，家长和教师对幼儿记忆的正确性不要过于苛求，而是要抓住时机表示鼓励和肯定。案例 6-2 中，教师在告知萌萌正确说法的同时肯定了萌萌的知识"渊博"，这能很好地强化幼儿的认知兴趣和自信心。我们看到在教师的鼓励下，萌萌自发地通过重复来加强记忆，这在 3 岁的幼儿中是比较少见的，可见幼儿兴趣对幼儿认知发展水平的影响非常大。

案例 6-3

雯雯，女，五岁半。

在幼儿园时，老师发现雯雯会无意间说英语或哼唱英文儿歌，偶尔还会背几句古诗。

老师帮她倒牛奶时，她就会说："Yummy!Thank you, Ms.Guo!"

看到绘本上的荷花她会吟唱："小娃撑小艇，偷采白莲回。不解藏踪迹，浮萍一道开。"

刚开始老师以为雯雯也和其他孩子一样上了辅导班，因为她的英语发音和她对英语的应用都很好，吟唱的古诗往往也非常"应景"，这引发了老师对辅导班的好奇，因为班上其他上国学和英语班的孩子的水平较雯雯都要低一些，在幼儿园也几乎没有自发应用的行为。当老师向雯雯妈妈了解情况时，得到的回答竟然是雯雯没有上任何辅导班，雯雯的英语和古诗都是在家里学的。原来，雯雯妈妈平时会找一些原版的英文儿歌在雯雯玩耍时放给雯雯听，每次 5～7 首，雯雯听熟了以后再换。最初雯雯妈妈只是觉得这些儿歌简单、好听，并没有想要达到让雯雯学习英语的目的，但是听的时间长了，雯雯便会跟着唱了，有的时候还问爸爸妈妈这些英文是什么意思，爸爸妈妈就会把中文意思讲给她听。英文儿歌激发了雯雯对英语的兴趣，随后，妈妈又找来一些简单的英语对话放给雯雯听，并在她问的时候将中文意思告诉她。因为雯雯的爸爸妈妈的英语发音并不好，所以他们并没有让雯雯练习用英语对话。

"只是让她听，而且是玩耍的时候让她听。没有教材，也没有让她学习认和写。"雯雯妈妈说。但是雯雯却经常能在家里说上几句英语，有的时候还缠着爸爸妈妈问某个中文句子用英语怎么说。这时爸爸妈妈才会教她一些知识。受到学英语的启发，妈妈又给雯雯找来一些简单的、有童趣的古诗的音频放给雯雯听，并没有特意要求她专心听，但是同样没过多久，雯雯就会背诵这些古诗，偶尔会问爸爸妈妈诗的意思，这时爸爸妈妈就会找来带插图的古诗原文给雯雯简单讲解，有时还会找来一些相关的国画让雯雯欣赏。

"孩子不问，我们就不讲。"雯雯妈妈笑着说，"都是她强烈要求我们讲，还经常催着我们给她找新的音频听。"

教育界对幼儿学英语和背古诗一直存在争议，但是争议的焦点主要集中在学习这些内容是否符合幼儿的心理发展水平，会不会加重幼儿的学业负担，以及是否会损害幼儿的学习兴趣。雯雯的情况虽然是个例，但是具有非常好的借鉴意义。

（1）雯雯妈妈给雯雯提供了宽松的认知环境，所提供的认知材料并没有功利性和目的性，主要以提高艺术素养为主，这很好地保护和增强了雯雯的认知兴趣。

（2）雯雯以边玩边听为主，记忆态度以无意记忆为主，不会额外增加她的学习负担。

（3）信息加工理论认为，感觉器官（如眼睛、耳朵、舌头、鼻子等）是人的信息加工系统的主要组成部分。幼儿从环境中接受刺激，刺激推动感受器，并转变为神经信息；这些信息进入大脑系统，形成短时记忆；经过编码，短时记忆转变为长时记忆。雯雯通过听觉器官反复接收信息（雯雯在看插图和国画时是通过视觉器官接收信息的），就可以形成短时记忆和长时记忆。

（4）雯雯妈妈给雯雯选择的是较简单的英文儿歌和古诗，认知内容符合幼儿心理发展水平，所以雯雯产生了很大的认知兴趣，经常主动发问，记忆态度逐渐向有意记忆过渡。较强的主动性对雯雯的认知发展起到非常大的促进作用。

（5）反复播放音频（每次5～7首，听熟以后再换）可以使雯雯对记忆的内容及时进行复习，有利于记忆的保持。

幼儿阶段的英语及古诗学习，重在培养幼儿的语感和学习兴趣，激发幼儿模仿和语言表达的积极性，不应有太强的功利性。雯雯的学习方式虽有一定的参考价值，但是否适用于大部分幼儿还有待进一步研究考证。

第三节　幼儿注意力的观察与分析

注意力是选择和集中于相关刺激的能力，即选择性地专注于某些信息，同时忽视同一时刻收到的其他信息。培养注意力对幼儿的日常生活和学习发展具有重要意义。下面两个案例将帮助我们了解如何正确观察和评价幼儿的注意力，以及培养幼儿注意力的指导策略。

一、幼儿注意力案例分析

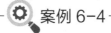
案例 6-4

果果，4岁，入园3个月，老师发现他总是注意力涣散，图6-1所示为果果自由活动时的流程图，观察时间为20分钟。

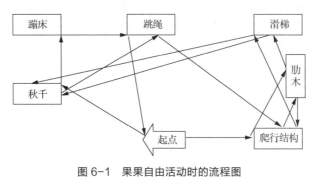

图 6-1　果果自由活动时的流程图

果果没有目的地漫游在各种项目中，在每种项目停留的时长为 40 秒到 1 分 30 秒，还有很多时候四处徘徊，无所事事。

同时，果果在幼儿园其他活动中的注意力也非常涣散，在集体活动中经常"开小差"。教师向家长了解情况，果果妈妈说果果在家玩玩具时也是一会儿玩这个，一会儿玩那个，没有哪一个玩具能玩较长时间。教师抓住这个问题往下问，原来，果果家的玩具特别多，家里宽敞，果果有自己专门的游戏室，爷爷奶奶特别疼爱他，什么新奇的玩具都给他买来。为了让果果玩起来方便，玩具不是放在收纳箱中而是开放式陈列。"果果就是在玩具堆里长大的。"果果妈妈总结。由此，教师大概知道果果注意力涣散的原因了。教师进一步了解，发现果果奶奶对其照顾得特别细致，果果玩玩具或者看绘本时，奶奶会陪在他身边，一会儿让他喝点牛奶，一会儿让他吃点水果。

针对果果的情况，教师给出以下指导策略。

（1）不要给果果买太多玩具，同时整理家中的玩具，每次只允许果果拿出一个玩具来玩。

（2）果果独自玩耍或者看书时，奶奶不要过多关注，尽量让他专注于自己的游戏或阅读。

（3）让果果多做些需要专心致志的操作类活动。可以通过穿珠子、拼图等活动训练果果的注意力。

（4）多做一些亲子阅读，讲故事和听故事更能吸引果果的注意力。

二、幼儿注意力的影响因素及培养策略

（一）幼儿注意力的影响因素

1. 环境杂乱

很多家长习惯将幼儿活动的房间装扮得五颜六色，玩具摆满房间，图书随意摆放，这些都很容易分散幼儿的注意力。

2. 事事代劳

幼儿可以自己完成或者努力尝试完成一些事情，如穿衣、吃饭，但是家长怕麻烦而事事包办。例如，有的幼儿尝试自己进食，家长却嫌幼儿自己吃得太慢，还会弄脏衣服和地板，所以幼儿自己还没吃几口，家长就不耐烦地抢过勺子喂饭，但这样做不利于幼儿集中注意力。

3. 干涉、干扰过多

有些家长经常粗暴干涉正在专注于做某件事的幼儿，导致幼儿没办法继续专注于所做的事情。例如，幼儿正在专心致志地折纸，家长却走过来说："你这么折不对，妈妈教你吧……"有些家长则会在幼儿专心做事时用其他事情干扰孩子，如嘘寒问暖、喂食喂水。总是被干涉、打扰的幼儿就很难集中注意力。

（二）培养幼儿注意力的策略

1. 环境布置

幼儿房间和活动场所的装饰装修要简洁、明快，色彩不宜过于杂乱；玩具不宜过多，不要一次性给幼儿提供多个玩具，可以把暂时不玩的玩具收纳起来，过一段时间再拿出来，幼儿又会对它充满兴趣。

2. 科学选择玩具和游戏

多给幼儿选择操作性强的玩具和游戏，如迷宫游戏、钓鱼游戏、夹豆子游戏、穿珠子游戏等，这些游戏需要幼儿专心操作才能完成，有利于幼儿集中注意力。

3. 阅读和朗读

选择合适的读物进行亲子阅读和朗读，有趣的故事和温馨的家庭环境对提升幼儿注意力非常有帮助。

4. 学会放手

意大利幼儿教育家蒙台梭利说过："除非你被孩子邀请，否则永远不要去打扰孩子。"家长应该留给幼儿足够的空间，使其能够专注于自己感兴趣的事情而不被打扰。家长对幼儿生活不要照顾太多，如穿衣、吃饭、如厕等需多给幼儿提供自己独立完成的机会；当幼儿专注于某事时，只要没有危险，家长不要过多关注，尽量让其专注于自己的活动。

5. 适当鼓励

当幼儿较为专心地完成某件事时，家长要及时表扬鼓励，让他们体会到专注的乐趣。

6. 避免消极暗示

有的家长会说："我的孩子注意力不集中。""我的孩子总是不专心。"这样的评价对幼儿而言是一种消极暗示，应尽量避免。

7. 适当使用电子设备

有的家长在做家务时喜欢让幼儿玩电子设备，或边玩边看电视，这也是不可取的。美国儿科学会建议 18 个月以下的婴幼儿禁止使用任何电子设备（与家人视频通话除外）；针对 18 个月至 2 岁（不含）的幼儿，家长应该为其挑选合适的节目或视频，跟幼儿一起看，帮助幼儿明白看的是什么内容；2～5 岁的幼儿每天看屏幕的时长不超过 1 个小时，而且家长应该与幼儿一起看，不仅要帮助幼儿明白所看内容，还要帮助幼儿把学到的知识运用到现实生活中。

🔍 案例 6-5

实习的第一天，我就注意到了杰森，他是大班的一个五岁半的男孩，每天都会因为违反纪律被老师批评好几次，不管是上课还是自由活动，都能做出和其他小朋友不一样的"出众"举动。

观察记录 1：绘本课上，老师正讲到乌鸦喝不到瓶子里的水时，他大声说："我知道，我知道！"李老师示意他安静。他坐在椅子上不停地扭动身体，嘴里小声嘟囔着："放小石子。"又在椅子上前后摆动，让椅子发出"咯吱咯吱"的声音，嘴里还小声说着："这谁不知道啊？！"

观察记录 2：手工课上，老师教小朋友折纸飞机，别的幼儿刚完成一半的时候，他很快就折好了自己的纸飞机，开始向空中扔，并且多次离开座位去捡纸飞机。老师把他拉回座位坐好。他摆弄了一会儿自己的纸飞机，托着下巴看同桌洋洋叠纸飞机，然后说："你这样叠不对。"还抢过洋洋手中的折纸，洋洋哭了起来。

李老师把杰森拉到室外，让他在走廊的小椅子上坐着："上课再乱动，就不要回教室了。"但是他在走廊上还是"动"个不停。

　　观察记录3：一天午饭后，我请他帮我收拾餐具，他很爽快地答应了，并且很麻利地帮我收拾，我夸奖并感谢他，趁机问："你为什么总是违反纪律呀？老师罚你，你会不开心吧。"本以为他会有些难过，结果很令人意外，他看了看四周，神秘地对我说："因为我有多动症！"语气中竟然有一丝得意。

　　这个回答让我很诧异，"谁说你有多动症的？"

　　"有一次午休的时候我听见李老师跟杨老师说我有多动症，她们以为我睡着了呢。"

　　他顿了顿又说："我有多动症，所以我管不住自己，总是动来动去。"他一边说一边扭动身体做了一个帅气的拉丁舞动作。

　　"唉，老师都不喜欢我，还让其他小朋友不要学我。"他低下头，"我不知道怎么安静下来。"

　　杰森真的有多动症吗？我记得学前卫生学课的老师讲过，多动症是以幼儿注意力缺陷和活动过度为主要特征的，诊断多动症需要非常慎重。杰森虽然好动，但在大多数活动刚开始时还是比较专注的，并且能够很好地完成活动，他往往会率先完成活动，无所事事时才开始"开小差"，这与多动症的注意力缺陷和学习困难应该是有区别的。

　　"杰森，我认为你没有多动症。"我把他拉过来，小声对他说。

　　"真的吗？"他的眼神亮了起来，"可是李老师说我有。"

　　"李老师不是医生，她说的也不一定对呀。我在书上看到过，我的老师也给我讲过，多动症不是你这样的。杰森，你只是太聪明了。"

　　"真的吗？"他高兴得跳了起来。

　　"嘘！不过你有的时候是不太遵守纪律，这样会影响别人。咱们一起来想个办法，好吗？"

　　"老师，我也不想乱动，但是有的时候就忘了。那天我拿洋洋的折纸是想帮他叠一下；做操的时候我总想看看别的小朋友做得对不对，不对的我便纠正一下。"

　　"喜欢帮助别的小朋友是好事，不过下次你帮洋洋的时候要先问问她同不同意，这样洋洋就不会哭啦。"

　　"嗯，老师，我知道了。"

　　"上课时如果想说话，记得举手；如果故事都听过了，也先不要告诉其他小朋友故事的结局；如果觉得故事没意思，你可以看看绘本或者画画。如果你能保持安静，我想老师们肯定不会反对你看绘本或画画的。"我说。

　　"我可以拿着我的《神奇校车》到幼儿园看吗？"他兴奋地说。

　　"当然可以啦，不过你应该先告诉老师。"看他同意了我的建议，我继续说，"此外，在做操的时候，你认真做好自己的动作就可以啦。有的小朋友不像你这样聪明，一学就会。他们需要慢慢地学，老师会帮助他们。你在前面好好做，后面的小朋友也会学着你的样子做，这也是在帮助他们。"

　　"那前面的小朋友做错了怎么办？"他考虑得还挺周到。

　　"前面的小朋友也需要慢慢地学。如果你真想帮助他们，可以在自由活动的时候，问问他们愿不愿意跟你学，如果愿意，你就可以教他们。如果他们不愿意……"我顿了一下。

"他们不愿意就算了！"他抢着说。

"那好，就这样说定了！"我开心地说。

"好，君子一言，驷马难追。咱们两个拉钩吧！"他像个小大人似的。

"这就算咱俩的一个小秘密。"我边和他拉钩边说，"老师相信你能够慢慢安静下来。"

午睡过后，正好是一节绘本课。显然老师讲的故事杰森已经听过了，他在座位上东瞧西看，我就把食指放在嘴边做了一个安静的手势，又伸出小指，提示他之前的约定。

他马上会意，举起右手，老师示意他说话，他才说："老师，这个故事我听过了，能不能给我一张纸，让我画画呀？"

老师可能是惊异于他的表现，笑着说："只要你别乱说乱动，给你三张都行。"然后给了他三张白纸和一盒水彩笔。

他拿到后就开始埋头画画，这节课真的很安静。绘本课结束的时候，老师表扬了他。他看向我，脸上带着骄傲的笑容。

接下来的几天，我会在一些活动中用这两个小动作及时提醒他，他的纪律表现越来越好，受到的批评越来越少，得到表扬越来越多。

这则案例中，杰森因为好动的天性和对某些教学活动不感兴趣频频违反纪律，甚至被有的教师贴上了多动症的标签，这对幼儿的发展是极其不利的。教师能够根据自己所学的专业知识对杰森进行指导，这是非常成功的。

1. 帮助幼儿撕去负面标签

幼儿极易受到不良暗示，当幼儿无意间听到教师说自己有"多动症"时，很大程度上会放弃改正的努力。本案例中，教师告诉幼儿他没有"多动症"，爱动的情况可以改正，帮助幼儿重塑自信。

2. 分析原因，给出对策

教师要问清幼儿违反纪律的原因，并加以指导。例如，故事已经听过，不感兴趣了，可以让他做一些安静的活动，如画画或阅读；做操时爱动，帮他分析情况，改变看法。

3. 鼓励暗示

教师要肯定幼儿的聪明、乐于助人，并且共同约定，如用拉钩和共同保守小秘密的手段加强幼儿改正不良行为的信心和兴趣。

4. 适时提醒

用安静和拉钩的手势提醒幼儿遵守纪律，使幼儿逐渐养成习惯。

现在，有些家长为幼儿的好动而发愁，担心他们是否患了多动症。幼儿园一些教师喜欢比较安静的幼儿，把顽皮幼儿当作坏孩子对待，有的教师还会对这些好动幼儿的家长说其有多动症。其实好动与多动症是有本质区别的，好动是幼儿这个年龄阶段的天性，是正常的，只不过家长和教师需要对幼儿加以引导，使他们逐渐建立规则意识；多动症则是一种疾病，需要专业的医生进行专业的检查才能做出诊断。当然，对于过于好动的幼儿需要加以仔细观察，既不能把一个正常好动的幼儿诊断为多动症，又要及时发现有多动症症状的幼儿，让其就医诊治。

　　皮格马利翁效应告诉我们，向一个人传递积极的期望，就会使他进步得更快，发展得更好；反之，向一个人传递消极的期望，则会使人自暴自弃，放弃努力。一些优秀的教师在不知不觉中运用皮格马利翁效应来帮助有问题的幼儿。案例 6-5 就非常明显地体现了皮格马利翁效应的作用：开始时，幼儿被贴上"多动症"的负面标签使他放弃了改正的努力，变成"问题幼儿"；后来教师给他撕去负面标签，指出他的优点（聪明、乐于助人），又告诉他能够改正缺点，这个幼儿进步很快。这也提示教师和家长不要轻易给幼儿贴上负面标签，而是要巧妙利用皮格马利翁效应向幼儿传递积极的期望，使幼儿更好地发展。

　　另外，如果幼儿在活动中注意力不集中，参与的积极性不高，不要一味责怪幼儿，教师要反思活动是否有价值，活动的形式、内容、方法是否符合幼儿的心理发展水平，并及时进行调整。

第四节　幼儿性别认知的观察与分析

　　性别概念是幼儿自我概念的一个基本方面，包括 3 个因素：性别同一性、性别稳定性、性别恒常性。其中，性别恒常性是性别概念的核心问题，性别恒常性意味着幼儿完全了解了性别的概念。幼儿性别认知是一个循序渐进的过程，本节将通过案例来讲解对幼儿性别认知的观察与分析。

一、幼儿性别认知案例分析

案例 6-6

　　萌萌是一个两岁两个月的小姑娘，很乖巧，穿脱衣物、大小便等自理能力较好，吃饭较慢，平时不爱说话，但是会非常注意老师和小朋友的一言一行。有时老师会给小朋友播放《天线宝宝》，每当屏幕中出现白云或者下雨的时候，萌萌就会指着屏幕说："白云哗哗。"老师没有太在意，以为她在说下雨"哗啦啦"的声音。

　　直到有一天，萌萌从卫生间小便回来一直在说："男生哗哗，女生哗哗，白云哗哗，小狗哗哗……"老师问："萌萌你说的什么呀？是一首儿歌吗？"萌萌看着老师急切地说："小朋友哗哗。"

　　老师还是没有完全理解，这时萌萌有点儿着急了，眼泪在眼眶里打转。

　　老师看她着急了，赶紧安抚她："萌萌，别着急，慢慢说。"

　　这时，萌萌突然从座位上站了起来，说："男生哗哗。"

　　随即她又蹲下说："女生哗哗。"

　　又指着天上说："白云哗哗。"

　　最后她抬起一条腿，说："小狗哗哗。"

　　这时，老师才恍然大悟，原来"哗哗"是指小便。萌萌刚刚是说男女生小便姿势的不同，而且她把下雨当成白云在小便，真是太有趣了！

　　同时，老师注意到萌萌通过在幼儿园的观察发现了男生和女生小便姿势的不同（女生蹲着小便，男生站着小便）。

　　"那萌萌是男生还是女生？"老师问。

　　"我是女生，我蹲着哗哗，我还梳小辫。"

　　"萌萌，那你觉得张老师是男生还是女生呢？"老师接下来问。

　　"张老师是女生。"

　　"为什么呢？"

　　"因为张老师头发长长的，还穿漂亮裙子。"

　　"那如果张老师把头发理得短短的，像你爸爸一样，又站着小便的话，那你觉得张老师是男生还是女生？"

　　萌萌稍稍思考了一下，说："是男生。"

　　美国幼儿发展心理学家劳伦斯·科尔伯格认为，幼儿性别认知是普遍认知的一部分，主要分为 3 个阶段。

　　第一阶段，性别同一性，在 2～3 岁时，幼儿理解了自己要么是男性、要么是女性这一事实，并且对自己有相应的性别标识。

　　第二阶段，性别稳定性，幼儿开始理解性别是稳定的，男孩会变成男人，女孩会变成女人。

　　第三阶段，性别恒常性，在 5～7 岁时，大多数幼儿理解了性别不会随着情境或者个人愿望而改变。

　　本案例中的萌萌尚处于性别认知的第一阶段，即性别认同。这个阶段的幼儿开始标识自己和他人的性别，他们开始懂得意义不同的词和某些东西属于哪一性别。萌萌注意到不同性别的小朋友小便姿势的不同，这是此年龄阶段幼儿对性别认知的开始。但是，幼儿在此阶段对性别还没有获得统一、本质的认识，他们只知道不同性别的人会有不同的外部服饰特征和行为方式。例如，男孩留短发、女孩留长发；女孩要穿漂亮的衣服，喜欢玩具娃娃和粉色，男孩要穿蓝色的、帅气的衣服，喜欢玩具汽车、玩具火车和玩具枪。这个阶段的幼儿认为，如果外部服饰特征和行为方式改变了，性别也会随之改变，即性别不守恒。所以当教师问萌萌如果教师改变外部特征和行为（头发变短、站着小便）后教师的性别，萌萌会说教师是男生。

二、幼儿性别认知调查问卷

　　第一部分，幼儿性别同一性的发展情况，调查幼儿对自己和他人性别的认知。

　　（1）你是男孩还是女孩？你是怎么知道的，为什么？

　　（2）这个小朋友是男孩还是女孩？你是怎么知道的，为什么？

　　第二部分，幼儿性别稳定性的发展情况，调查幼儿对自己和他人过去性别和未来性别的认知。

　　（1）你是婴儿的时候是男孩还是女孩？你是怎么知道的，为什么？

（2）你长大了做爸爸还是做妈妈？你是怎么知道的，为什么？

（3）这个小朋友是小宝宝的时候是男孩还是女孩？你是怎么知道的，为什么？

（4）这个小朋友长大了是做爸爸还是妈妈？你是怎么知道的，为什么？

第三部分，幼儿性别恒常性的发展情况。在幼儿面前改变图片中主人公的发型、着装，调查当图片中主人公的外部单个特征（发型或着装）、双特征（发型和着装两者）被改为异性的特征时，幼儿对性别的认知。

（1）如果你梳个辫子，你是男孩还是女孩？你是怎么知道的，为什么？

（2）如果你穿上连衣裙，你是男孩还是女孩？你是怎么知道的，为什么？

（3）如果你梳个辫子，穿上连衣裙，你是男孩还是女孩？你是怎么知道的，为什么？

（4）如果你不想当男孩了，你能变成女孩吗？你是怎么知道的，为什么？

（5）如果这个小男孩梳个辫子，他是男孩还是女孩？你是怎么知道的，为什么？

（6）如果这个小男孩穿上连衣裙，他是男孩还是女孩？你是怎么知道的，为什么？

（7）如果这个小男孩梳个辫子，穿上连衣裙，他是男孩还是女孩？你是怎么知道的，为什么？

（8）如果这个小男孩不想做男孩了，他想变成小女孩，他能做到吗？你是怎么知道的，为什么？

三、性别教育行为指导策略

1. 抓住时机

幼儿期是性别教育的关键期，要抓住时机对幼儿进行性别教育。教师和家长要善于将性别教育放在幼儿的活动与实践中。例如，幼儿发现自己身体结构或行为方式与异性幼儿不同而好奇时，抓住机会引导幼儿在各种活动中树立正确的性别观。

2. 不要混淆孩子的性别打扮

有些家长根据一些习俗将体弱多病的男孩当成女孩来抚养，或者不满意幼儿的性别，或仅仅是为了一时好玩，随意改变幼儿的性别装扮，这些都是不恰当的行为。

3. 做好榜样

幼儿对于自己性别的认知很大程度来自父母的引导，如男性的强壮、果断、坚忍，女性的温柔、细心，幼儿都会从日常生活中父母的言谈举止中学习。所以，父母要注意多陪伴幼儿。如果是男孩，父亲要多陪孩子玩；如果是女孩，母亲要多与其相处。3～6岁的幼儿喜欢模仿亲近、喜爱和崇拜的人，只有父母都扮演好自己所属的性别角色，回家后及时回归父亲、丈夫、母亲、妻子的家庭角色，才能让幼儿全面而正确地认知性别。

单亲家庭的幼儿可以增加与其他同性家长的接触，如和父亲分开的男孩可以增加与外公、舅舅等男性角色的接触。

4. 正面解答

在一些男女同厕的幼儿园，幼儿能在很自然的状态下，对男女的性别差异有一定的认识，促进对性别的认知。有时幼儿上厕所或洗澡时会观察父母的身体，父母这时不要反应过激或遮遮掩掩。在幼儿对性别和身体产生好奇或有疑问时，父母应该大方科学地进行解释说明。

瑞典的性别教育走在全球前列，父母被提倡在幼儿沐浴、穿衣、如厕时给予其正确的引导，也要坦然回答幼儿提出的问题，认识动植物及人类的生物进化和繁殖过程，使幼儿有正确的性观念，对幼儿性别角色的心理行为进行训练，帮助其形成正确的性别认知。

5. 避免过于刻板的性别教育

性别教育同时也要结合幼儿的气质类型，不必刻板地按照固定的模式去塑造幼儿。严格定义的性别角色对于幼儿的发展是一种消极的限制，关于性别平等的教育应该尽早开展，告诉幼儿无论是男性还是女性，都可以细心体贴、勇敢坚强，这有利于幼儿形成健康的心理状态和对他人的尊重。

第五节　利用最近发展区理论培养幼儿认知的兴趣

一、最近发展区理论

最近发展区理论是由教育家维果茨基提出来的。他认为幼儿的发展有两种水平，一种是幼儿的现有水平，指独立活动时所能达到的解决问题的水平；另一种是幼儿可能的发展水平，是通过学习所获得的潜力。两者之间的差异就是最近发展区。

最近发展区是幼儿心理发展潜能的重要标志，也是幼儿可接受教育程度的重要标志。教师要把握"最近发展区"，选择恰当的教学资源，创设情境开展教学活动，从而更好地帮助幼儿增强认知兴趣和优化教育效果。

二、案例分析

案例 6-7

午休巡视的时候，大多数孩子都进入了甜甜的梦乡。我发现乐乐还没有睡着，因为他的被子一动一动的，我悄悄走过去，发现他睁着眼睛。乐乐发现了我，非常紧张，我揭开被子发现他的小手里紧紧攥着什么东西，我轻轻掰开他的小手，发现是一个螺旋形的意大利面。他涨红了脸，像是要哭的样子。我小声在他耳边说："乐乐，老师先帮你保存这个意大利面，等你睡醒了老师再还给你好不好？"

乐乐见我没有批评他，轻轻舒了一口气，点点头，把意大利面放在我手里。我给他盖上被子，又拍拍他的背，示意他赶紧午睡。10分钟后，我再次巡视，发现他已经睡着了。

午睡后应该是一节阅读课，我没有按照计划讲绘本故事，而是拿出意大利面还给乐乐，他正要把意大利面放进兜里的时候，我问他："老师今天这节课正好需要一个意大利面，能借一下你的吗？"他犹豫着没有吭声。我说："下课保证还给你！"他轻轻地点了点头，把意大利面放在我手中。

"小朋友们，你们看这是什么东西？"我举着意大利面在小朋友面前展示，并对乐乐做了一个不要出声的手势，他会心地一笑。

　　"这是一个虫子！"

　　"这不是虫子，虫子会动。"

　　"这是一个死的虫子。"

　　"这是一个奇怪的东西。"

　　"这是一个螺旋。"

　　"我知道，这是一个'外星人'留下的东西。"

　　…………

　　小朋友们纷纷议论起来。

　　"都不是。谁能告诉我这是什么东西呀？"我笑着看向乐乐。

　　乐乐有些不好意思。他小声说："这是一个意大利面！"

　　"不对，我吃的意大利面是长长的，不是这个样子。"一个小朋友说。

　　另一个小朋友说："我吃过和这个差不多的意大利面，不过那个是白白胖胖的，这个是黄黄瘦瘦的。"

　　我示意小朋友安静下来，说："乐乐说对了，这是一个螺旋形的意大利面。意大利面有很多形状。大家还见过什么形状的意大利面呀？"

　　"我吃的意大利面是长长的。"

　　"老师，我吃过蝴蝶型的意大利面。"

　　"老师，妈妈给我煮的意大利面，像小贝壳儿一样。"

　　"我家的意大利面两头尖尖的，中间是空心的。"

　　"可是为什么这个意大利面黄黄瘦瘦的，小朋友吃的意大利面都白白胖胖的呢？"我又抛出一个问题。

　　"因为这个意大利面不好好吃饭，饿瘦了！"一个小朋友笑着说。

　　大家哄堂大笑，我也被这欢乐的气氛感染了。

　　"因为这个意大利面质量不好。"一个小朋友非常严肃地说。

　　我摇摇头，接着问："小朋友们，你们可以过来摸一摸这个意大利面是什么样的。"

　　十几名小朋友轮流过来摸了摸意大利面。

　　"老师，它硬硬的。"

　　"对，好硬呀，和我吃的不一样，这个会把牙齿硌掉的。"

　　"小朋友们，你们想一想，为什么这个意大利面又硬又瘦小呢？"

　　"我知道了，这个意大利面没煮过，所以硬硬的、小小的。"在我的提示下，孩子们恍然大悟。

　　我点点头说："答对了。这个意大利面因为是生的，所以才又硬又瘦小。那为什么煮过的意大利面，会变大呢？"

　　"老师，我没吃过意大利面，可是我知道汤圆煮熟后也会变大一点。"茉茉小声说。

　　"茉茉的观察力真强！"我夸赞道，"可是为什么意大利面和汤圆煮过就会变大呢？"

　　"老师，我知道，是因为热胀冷缩！"爱读科普读物的佳宇充满自信地说。

　　"嗯，好像有点儿道理。但是要是因为热胀冷缩，那么煮熟的意大利面放凉了是不是会再缩小呢？"

　　"好像不会……"佳宇被这个问题难住了。

"大家再想一想，煮熟的意大利面，除了变大变胖以外，和没煮过的意大利面相比，还有什么不同？吃到嘴里是软的还是硬的？"见大家陷入僵局，我继续启发孩子们。

"煮熟的意大利面吃到嘴里软软的，弹弹的。"

"为什么意大利面煮熟以后会变软呢？"

"是因为它吸了水！是因为它吸了水！"佳宇先想出了答案。

"生物球吸了水也会变大！"

"答对了！你们真会动脑筋，小朋友，老师再请你们想一想是不是所有的食物煮过以后都会变大呢？"

"是——"有的小朋友拉长声音说。

"不知道，我没见过煮东西。"

"不对，前天吃涮羊肉，肉片放在热水里变小了，还卷了起来！"

"对，羊肉片放到热水里会变小。"好几个小朋友附和道。

"棒棒糖放在水里也会变小。"

"老师，这是为什么呀？"

"还有一些东西放到水里也会变样。这个问题留给你们回家和爸爸妈妈一起研究。下面老师再问你们一个问题，刚才茱茱说她没有吃过意大利面，可能还有其他小朋友也没有吃过，没关系，但是你们应该吃过别的面吧？"

"老师，我吃过炸酱面！"

"我爱吃方便面！"

"我吃过刀削面！"

"老师，我吃过兰州拉面，还有朝鲜冷面！"

"我吃过重庆小面！"

气氛空前活跃。

"哇！有这么多好吃的面啊！它们都是来自哪些地方呢？"

"兰州拉面是兰州的，重庆小面是重庆的……"

"妈妈说北京人最爱吃老北京炸酱面。"

"我不知道担担面是哪儿的。"

"这样吧，我们到地图上找一找这些好吃的面的老家。"我带领小朋友们来到地图前。

"老北京炸酱面在这里！"第一个找到的自然是首都。

"兰州拉面在这里！"

"老师，重庆在哪里，你帮我找找呀！"

墙上两张平时不太受欢迎的地图前挤满了小朋友。

"老师，我们可以把面贴到地图上。"成成扯着我的衣角说。

"把面贴地图上？"我问的同时明白了成成的意思，"成成，你是说把每种面的名字贴在地图上的相应位置，对吗？"

成成用力点点头。

"大家说成成说的是不是一个好主意啊？"

"是——好主意！"

"老师，我们把面做成小旗子吧。"成成又提议。

我听懂了成成的意思，但是为了规范他的语言，我假装没有听懂："面怎么能做成小旗子呢？"

"老师，我是说做一些小旗子，把面的名字写在小旗子上，再贴到地图上。"成成这次表达得很清楚。

"呀！是这样，这真是个好主意！"

于是地图上贴满了各色旗子：老北京炸酱面、山西刀削面、兰州拉面、武汉热干面、河南烩面……小朋友们竟然想出 20 多种面，这很让人惊讶。

最后成成提出的 biangbiang 面（一种陕西面食）把我难倒了，我也不会写。

"老师，你可以百度一下。"佳宇提醒我，然后在百度上查到了这个字，并写在了旗子上。孩子的见识不可小觑，我们果然找到了这个字，不知道百度的小朋友也围过来好奇地看。

"老师，老师。"一直没有发言的甜甜这时问我，"米线算不算面条呀？我吃过云南米线。"

"真的很棒！你注意到这个问题。"我夸赞她，"小朋友们，你们说米线算不算面条呢？"

"算！因为他们都是长长的。"

"不算！因为米线是米线，不是面。"

小朋友们争论起来。

"小朋友们快下课啦，咱们就把这个问题带回家，你们可以和爸爸妈妈一块儿研究。你们也可以注意一下咱们这些好吃的都是用什么做的。"

这节课小朋友意犹未尽。

更让人惊喜的是第二天，很多小朋友都从家里拿来了各式各样的面和各种小杂粮，家长也反映孩子突然对厨房产生了很大的兴趣，有的孩子则迷上了地图。区角自由活动的时候，往日"人烟稀少"的地图区挤满了小朋友。

幼儿的认知以无意识记忆为主，有意识记忆正在形成，他们能记住的往往是对象的外部特征及简单的联系。幼儿无意识记忆的效果还和幼儿智力活动的积极性有关。因此，充分调动幼儿认知的主动性至关重要。

维果茨基认为，学习与发展是一种社会合作活动，它是永远不能被"教"给某个人的，它适用于人在头脑中构筑自己的理解。因此，教师要选择恰当的教学资源，以幼儿现有的认知发展水平为起点，创设情境开展教学活动，恰当地利用好"最近发展区"。

该案例中的教师通过与幼儿自由讨论，巧妙地连接"生活"，利用最近发展区理论，创设熟悉的生活情境以查明幼儿心理的最近发展区，并向他们提出难度稍高而又力所能及的任务，使他们"跳一跳"就能达到新的发展水平。同时教师还根据幼儿发展水平、认知水平的不同，适当控制话题的方向和难度，使大多数幼儿都能获得帮助和发展，同时增强认知兴趣。幼儿真正关心的问题，才是幼儿的兴趣，才可能是幼儿的最近发展区，所以这节课取得了非常好的效果。

课后练习

1. 利用游戏促进幼儿认知发展有哪些策略与注意事项？
2. 简述幼儿注意力的影响因素及培养策略。
3. 幼儿记忆力有哪些观察要点及指导策略？
4. 简述幼儿性别教育的指导策略。

实训任务

1. 请在抖音、微信视频号等短视频平台查找幼儿学习的视频，分析讨论哪些有利于幼儿认知发展，哪些欠缺科学性，并与家长模拟进行交流指导。

2. 豆豆，5岁，男，活泼好动，集体教学时很难安静下来，经常从座位上离开，已在医院排除注意力缺陷综合征。老师建议豆豆妈妈给豆豆报一个专注力培训班，利用周末培养豆豆的注意力，否则豆豆将很难适应小学生活。试分析老师的建议是否科学，如果你是豆豆的老师，请给出你的建议和指导方案。

3. 请收集幼儿游戏案例，分小组讨论游戏设计是否有利于培养幼儿的注意力，如果你是案例中的老师，将如何优化游戏方案，激发幼儿的创造性。

07

第七章
幼儿游戏行为的观察分析与指导

素质目标

1. 尊重幼儿的游戏天性，树立正确的游戏观。
2. 爱岗敬业，培养对幼教工作的价值感、责任感和使命感。

知识目标

1. 了解幼儿游戏的观察要点，理解幼儿游戏水平的观察评价。
2. 理解游戏对幼儿语言能力、社会性、大动作和精细动作、创造力发展的作用。
3. 掌握利用游戏促进幼儿语言能力、社会性、大动作和精细动作、创造力发展的策略。

能力目标

1. 能观察、评价幼儿在游戏中的行为表现。
2. 能利用游戏促进幼儿语言能力、社会性、大动作和精细动作、创造力的发展。

学海导航

　　《纲要》明确要求："幼儿园教育应尊重幼儿的人格和权利，尊重幼儿身心发展的规律和学习特点，以游戏为基本活动，保教并重，关注个别差异，促进每个幼儿富有个性的发展。"也就是说，要让幼儿在各种游戏中大胆地创造、想象，从而有效学习。幼儿在游戏中的表现最为真实，幼儿的游戏行为是幼儿发展水平的反映，教师通过观察幼儿的游戏行为，可以获得许多有价值的信息，以此作为了解幼儿发展水平、完善教育方案和指导幼儿的依据。本章我们将学习幼儿游戏的观察要点及幼儿游戏水平的观察评价，如何利用游戏促进幼儿语言能力、社会性、大动作和精细动作、创造力的发展，以及在指导幼儿游戏时应注意的问题。

第一节　对幼儿游戏的观察要点及游戏水平的评价

　　通过观察幼儿的游戏行为，教师可以了解幼儿的发展水平，并在此基础上对幼儿的游戏进行指导。本节我们将学习幼儿游戏的观察要点，并以同伴游戏评定表为例来学习如何观察评价幼儿游戏水平并指导幼儿游戏。

一、幼儿游戏的观察要点

（一）幼儿游戏的观察要点与发展提示（见表 7-1）

表 7-1　幼儿游戏的观察要点与发展提示

行为	观察要点	发展提示
表征行为	能否清楚分辨自我和角色、真和假的区别	自我意识
	出现哪些主题和情节	社会经验范围
	动机是出自物的诱惑、模仿还是自我意愿	行为的主动性
	行为仅仅指向物还是其他角色	社会交往、语言表达
	行为指向哪些相对应的角色	社会关系认知
	行为与角色原型的行为、职责的一致性	社会角色认知
	同一主题情节的复杂性和持久性	行为的目的性
	行为是与物品有关还是与角色关系有关	认知风格
	是否使用替代物进行表征	表征思维的出现
	同一情节中是否使用多替代物	想象力
	替代物与原型之间的相似程度	思维的抽象性
	是否用同一物品进行多种替代	思维的变通与灵活
	是否用不同物品进行同一替代	思维的变通与灵活
	是否对物品进行简单改变后再用以替代	创造性想象

续表

行为	观察要点	发展提示
构造行为	对结构材料进行拼搭接插的准确性和牢固性	精细动作、眼手协调
	对造型是先做后想，还是边做边想，抑或是先想好再做	行为的有意性
	构造了哪些作品	生活经验
	是否按一定规则选择材料的形状、颜色	逻辑经验
	是注重构造过程还是不同程度地追求构造结果	行为的目的性
	是否会用多种不同材料搭配构造	创造性想象力
	构造作品外形的相似性	想象的丰富性
	是否能探索和发现材料特性并解决构造中的难题	新经验与思维变通
合作行为	是独自游戏、平行游戏还是合作游戏	群体意识
	是主动与人沟通还是被动沟通	交往的主动性
	是指示别人还是跟从别人	独立性
	是否会采用协商的办法处理玩伴关系	交往机智
	是否会同情关心别人和取得别人的同情关心	情感能力
	交往合作中的沟通语言	语言与情感的表达与理解
	是否善于调整自己的行为以适应他人	自我意识
规则行为	是否能爱惜物品、坚持整理玩具、物归原处等	行为习惯
	是否使用一定规则解决玩伴纠纷	公正意识
	是否喜欢有规则的游戏	竞赛意识
	是否自觉遵守游戏规则	规则意识
	是否创造游戏规则	自律和责任
	游戏规则的复杂性	逻辑思维

（二）观察幼儿游戏时应注意的其他信息

（1）幼儿正在进行的游戏类型。

（2）幼儿的游戏兴趣是什么。

（3）幼儿在游戏中兴趣是否稳定。

（4）幼儿某个行为的目的是什么。

（5）幼儿某个行为的持续时间。

（6）幼儿已有哪些经验。

（7）幼儿通过游戏获得哪些新经验。

（8）幼儿对其他幼儿的接近是欢迎还是排斥。

（9）幼儿的交往是否成功。

（10）幼儿交往成功或失败的原因。

（11）幼儿是否可以发起游戏。

（12）幼儿在游戏中情绪是积极的还是消极的。

（13）幼儿在游戏中是否能创造性地运用材料。

二、幼儿游戏水平的观察评价

幼儿的游戏水平反映了幼儿多方面的发展水平，下面以同伴游戏评定表为例学习如何对幼儿游戏水平进行观察评价。

同伴游戏评定表是能够详细地检查幼儿社会性游戏行为的观察评定表，它由卡罗利·豪斯设计。在同伴游戏评定表中，幼儿的游戏水平被分为以下 6 种。

水平一：简单的平行游戏

孩子相互间隔大概 1 米远，进行同样的活动但没有眼神或语言的交流。例如，几个孩子可能坐得很近，都在搭积木，但是每个人都完全被他们自己的积木所吸引，似乎没有意识到其他人的存在。

水平二：彼此注意的平行游戏

这是一种有眼神来往的平行游戏。例如，两个正在搭积木的孩子偶尔看一眼对方或对方所搭建的东西。这些孩子虽然未进行更进一步的社会性交往，但意识到了他人的存在及其活动，这个阶段的孩子经常在游戏中模仿他人。例如，一个孩子很有可能会搭一个与他人一模一样的积木。

水平三：简单的社会性游戏

孩子们参与同类型的活动，相互间有社会性交流。他们谈话、交换物品、相互微笑，还会进行其他类型的社会交往。例如，搭积木的孩子可能会相互评论所搭的建筑物（如"这好极了！"）。

水平四：互补游戏

孩子们参与社会性游戏或"基于互助性行为"的游戏（一个孩子模仿另一个孩子的行为）。例如，一个搭积木的孩子可能借给另一个孩子一块积木，而接受它的孩子也可能给对方一块自己的积木。像"躲猫猫"和追逐的游戏都属于这一类型。

水平五：合作性社会装扮性游戏

在参与合作性社会装扮性游戏的过程中，孩子们扮演了互补的角色。角色无须外在的标签，但是它们可以从孩子的行为中得到展示。例如，孩子们可能会扮演爸爸和妈妈来假装给一个玩具娃娃洗澡。

水平六：复杂的社会装扮性游戏

当孩子暂时脱离其装扮的游戏角色而对游戏本身进行评论时，就发生了元交际。例如，对角色进行命名和指派（"我是妈妈，你是爸爸"），建议新的游戏脚本（"我们在丛林里迷了路"），修改现有的脚本（"我烧饭累了，现在我们去图书馆借书"），提示其他孩子（"你不能在图书馆里买书，你只能借书"）。

同伴游戏评定表可以针对一名幼儿做多次观察并且记录，这需要观察者花费足够的时间来观察幼儿的游戏行为，以确定其同伴游戏水平。如果幼儿与成人交往，观察者就在成人参与栏中做上标记，另外还要简略记下幼儿游戏的背景及所用材料。

三、幼儿游戏行为案例分析

下面是一名入园四个月的三岁半幼儿菲菲的雪花片游戏观察记录。

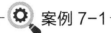 案例 7-1

菲菲游戏评定记录表如表7-2所示。

表 7-2　菲菲游戏评定记录表

日期	单独游戏（水平零）	简单的平行游戏（水平一）	彼此注意的平行游戏（水平二）	简单的社会性游戏（水平三）	互补游戏（水平四）	合作性社会装扮性游戏（水平五）	复杂的社会装扮性游戏（水平六）	成人参与	背景和材料
10月9日	√								
10月10日		√							
10月11日		√							
10月12日			√	√				√	
10月13日		√		√					
10月14日				√	√			√	
10月17日						√		√	
10月18日						√		√	

根据记录表，我们可以看出菲菲处于比较低的游戏水平，但当教师参与时，她表现出较高的游戏水平。这说明菲菲的社会性需要发展，而教师直接参与游戏并对其指导对菲菲来说是一个很好的途径。教师采取了如下指导策略来帮助菲菲。

（1）当菲菲的游戏水平处于水平零（单独游戏），教师可以用同样的游戏材料在菲菲附近操作，引起菲菲的注意以让她达到水平二。

（2）教师可以在游戏时与菲菲交流，如夸赞她的雪花片插得好，或者向菲菲借几个游戏材料，引导菲菲做出同样的行为以达到水平三或水平四。

（3）在角色游戏中，教师作为角色之一直接参与游戏，与菲菲进行对话和操作，以期达到水平五。

（4）在一些游戏中，适当减少雪花片的数量，这样菲菲想要玩游戏，只能与其他小朋友共用雪花片，促进其与其他幼儿的交流与合作。

（5）需要注意的是，幼儿的发展不是一蹴而就的，经常会有反复，应循序渐进。当菲菲取得进步时，教师要及时表扬和鼓励。

（6）教师要在菲菲得到较好的发展后逐步退出游戏，引导她和同龄人一起游戏。

《指南》指出"语言是交流和思维的工具"。幼儿期是幼儿语言发展的关键时期。游戏作为幼儿园日常生活中的基本活动，对幼儿有着强大的吸引力，它能够调动幼儿所有的能力，使其全身心地投入其中。游戏为幼儿提供了大量语言学习和练习的机会，有助于幼儿提高语言理解能力、口语表达能力和语言使用技巧。因此，教师应为幼儿创设一个自由发展的游戏环境，让幼儿在游戏中不断丰富语言经验，拓展语言思维空间，培养语言交往中的机智性和灵活性，有效地促进幼儿语言发展。本节我们通过一个游戏片段来观察和分析幼儿在游戏中的语言能力发展情况。

一、幼儿语言游戏案例分析

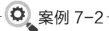
案例 7-2

　　达达，三岁半，男孩，入园两个月，自理能力尚可，老师发现达达的语言表达能力发展相对滞后，当他有要求时往往习惯用手比画，如吃午饭时想再要一个包子，他会指着包子，大声说："包，包，包，拿，拿……"如果保育员不能及时理解他的意思，达达就会大哭；当他想要某个小朋友正在玩的玩具时，不会征求对方意见而是直接从对方手中抢过来；在幼儿园的多数时间他几乎不会与其他幼儿发生语言交流，老师与他交谈，他往往以点头或摇头来回答，偶尔说话也是说"电报句"，不能说出完整句子；他基本可以听懂家长和老师的话。

　　达达的语言表达能力发展滞后情况影响了他在幼儿园的很多活动，因为不能很好地表达自己，他甚至还尿过裤子、经常和其他小朋友发生争执、集体活动时不能很好地融入，而且由于"困难重重"，他始终没有适应幼儿园生活，入园两个月了，早上来园时还会哭闹。

　　老师联系家长后，排除精神发育迟缓和舌系带短等因素，同时了解到达达入园前基本由奶奶照料，因为奶奶不会说普通话只会说方言，达达的父母担心奶奶说方言会影响他的口音，建议奶奶用普通话和他交流，这对在农村生活了一辈子的奶奶来说是非常困难的，所以她尽量不与达达说话。生活中，奶奶对达达的照顾无微不至，他一个眼神或者用手指一指，奶奶就知道他需要什么，就会赶紧满足他的要求。奶奶与小区其他家长也不熟悉，所以除了父母以外，达达很少与他人交流，而且父母工作比较忙，整天早出晚归，与达达说话的机会也不是太多。

　　达达两岁多的时候，父母发现他的语言表达能力落后于同龄人，但是奶奶用"贵人语迟"来安慰大家，加上达达在大动作、精细动作、理解力、自理能力等其他方面并不落后于同龄人，所以这并没有引起父母足够的重视。

达达的情况属于语言表达能力发展滞后，他的语言理解力尚可，但是语言表达能力较差。这主要是由于过于单一的语言环境和缺少语言应用情境，也与家长受"贵人语迟"的错误观念影响没有引起足够重视有很大关系。语言表达能力发展滞后严重影响了达达其他方面的发展，必须引起足够的重视。因此教师给出以下指导方案。

1. 设计情境语言训练游戏

设计一系列角色游戏增加达达应用和练习语言的机会，如"照顾宝宝""开公交车""小超市""看医生"等角色游戏，大量的角色游戏既可以为幼儿提供情境语言训练的环境，增加语言应用的机会，又可以提高幼儿的学习兴趣。在这个过程中，幼儿还可以通过观察来学习其他幼儿是怎样应用语言的。

2. 家园配合

达达的父母要尽量多抽时间与其说话，增加达达在家中练习语言的机会；达达的奶奶不要因为口音问题减少与达达的语言交流，因为方言也是幼儿语言的一部分，而且幼儿如果有充足的学习普通话的时间，是不会受方言影响的。另外，达达的奶奶还要注意，在家里不要对达达照顾太多，达达提要求时，要让其先用语言表达清楚再满足其要求。

一个月后，达达的语言表达能力有了明显的提升，他会说简单的句子，也愿意与其他幼儿和教师交流，与其他幼儿的矛盾和冲突明显减少，早上送园时也不哭闹了。这说明在排除器质性语言发育滞后的原因后，利用游戏对幼儿进行语言训练，可以在短时间内达到非常好的效果。

二、游戏对幼儿语言能力发展的作用

相比于传统的语言教学模式，以游戏促进幼儿语言能力的发展有以下优势。

1. 游戏能够为幼儿的语言表达提供轻松的环境

《纲要》指出："发展幼儿语言的关键是要为幼儿创设一个能使他们想说、敢说、喜欢说、有机会说并能得到积极应答的环境。"游戏能给幼儿带来欢乐和愉快的体验，这种快乐和愉快的体验让幼儿处于一种放松状态。相比传统课堂提问，游戏可以减轻幼儿对说话的恐惧，并且帮助其建立自信心，使其可以放松地表达自我，毫无焦虑地进行语言表达。

2. 游戏有利于加深幼儿对语言的理解

不同的游戏可以使幼儿学习并积累各种语言，加深幼儿对语言的理解。例如，让幼儿在游戏过程中理解"轮流""交换"等语言的含义，效果要比简单的讲解好得多。

3. 游戏有利于激发幼儿积极使用语言

在游戏中，幼儿主动使用语言的动机增强。例如，发起游戏、游戏的内容和规则、游戏的分组、角色及游戏材料的分配、同伴间的配合、游戏中发生分歧的解决方法等，这些话题促使幼儿之间出现了较为频繁的语言交流，更好地发展了语言能力。

4. 游戏能为幼儿提供丰富的情境和语境

丰富的游戏，尤其是角色游戏，是生活经验的写照，能够为幼儿提供各种活动的支架，使幼儿接触更加复杂的情境和语境，在游戏过程中锻炼自己的口语能力，增加词汇量和应用语言的机会。

5. 在游戏中观察幼儿有利于教师的科学指导

幼儿游戏的过程也为教师观察、了解和倾听幼儿提供了很好的机会。通过游戏，教师可以敏锐地发觉幼儿的需求及其教育重点，有针对性地制定教育方案，改进教育方法，提高幼儿的语言能力。

三、利用游戏促进幼儿语言能力发展的策略

幼儿期是人类学习语言最为迅速和最为关键的时期，抓住这个关键时期，利用游戏促进幼儿语言能力发展可以从以下几个方面入手。

1. 创设环境

教师可以根据幼儿年龄特点和语言发展水平创造适宜的游戏环境，让幼儿在丰富多彩的游戏中多看、多感受，加深其对语言的理解，丰富词汇量，从而激发其思维活动，促进幼儿产生表达的愿望，结合不同游戏不断丰富幼儿对语言的运用。

2. 尽量放手

在游戏前，教师可以先让幼儿说说自己想玩什么、怎么玩、和谁一起玩等；幼儿之间出现矛盾时，积极鼓励幼儿主动协调和解决。教师可以在观察和倾听的基础上引导幼儿说出解决的方法，让幼儿在尝试和努力中不断增强自己的语言能力。

3. 适当引导

放手并不代表放任不管，教师应选择适当的时机对游戏加以指导，目的不是干预幼儿的游戏，而是提供支持和引导，让幼儿的语言能力在游戏中得到更好的发展。例如，当角色游戏陷入僵局时，教师可以以角色身份参与游戏，引出新的游戏主题，启发幼儿动脑动口。

4. 设计语言类游戏

有些游戏本身就是语言类游戏，如"拍手歌""拉大锯"和跳皮筋的"马兰花"，游戏的歌谣往往朗朗上口，富有韵律，对幼儿的语音、语调的发展非常有帮助。教师也可以结合幼儿的特点和需要设计新的语言类游戏。

5. 让幼儿参与游戏讲评

教师在游戏结束时鼓励幼儿参与点评，并对游戏方案提出意见和建议。幼儿喜爱游戏并亲身参与游戏，这个环节既可以提高他们对游戏本身的兴趣和参与热情，又可以锻炼他们的口语表达能力。

第三节　幼儿游戏行为与幼儿社会性发展

幼儿社会性的发展是幼儿从自然人到逐渐掌握社会道德行为规范与社会行为技能，成长为一个社会人的过程。幼儿在游戏中可以克服"自我中心"倾向，践行各种亲社会行为，获得更多的适应社会环境的知识和处理人际关系的态度和技能。本节我们将通过两个案例学习如何利用游戏让幼儿的社会性得到更好的发展。

一、幼儿同伴游戏案例分析

案例 7-3

　　菲菲和小志都是游戏水平比较低的幼儿，入园四个月，年龄都在三岁半左右。他们的自理能力、动作发展、语言能力、认知水平尚可，入园不哭闹，但是游戏水平处于水平一或水平二（菲菲的游戏评定记录表见案例 7-1），即简单的平行游戏和彼此注意的平行游戏，这说明两名幼儿的社会性发展水平较低。为此，老师在一次沙坑游戏中调整了材料的投放：由原来每名幼儿一只小桶和一把铲子，变为每名幼儿一只小桶或一把铲子。菲菲得到一只小桶，小志得到一把铲子。

　　两名幼儿分别在沙坑中相邻的位置玩了起来。菲菲先用手捧着沙子往小桶里装，效率很低，后来她又尝试用小桶舀沙子，但是沙坑有一定湿度和硬度，沙子很难被舀起来。小志拿着铲子把沙子从左边铲到右边，一会儿就失去了兴趣，开始四处张望。这时周围的小朋友已经两两合作玩沙子，老师趁机大声说："美美和莎莎你们的沙堡堆得真好！噢，原来你们是一起用小桶和铲子的呀。"

　　菲菲抬起头往美美和莎莎方向看。小志听到老师的话后，看了一下美美和莎莎一起堆的沙堡，又看了一下旁边菲菲的小桶。他往菲菲身边挪了几步，说："我们一起玩吧！"菲菲没有说话只是点了点头，但是把自己的小桶往小志面前移了一点儿。

　　小志没有拿小桶，反而把铲子递给菲菲："你先玩吧。"

　　"谢谢你！"菲菲拿过铲子，开始往小桶里装沙子。装满一桶，她把小桶倒扣过来，做成一个小沙堡。接着她又开始往小桶里装沙子，似乎忘记了小志的存在。

　　"该我玩了。"小志有些着急了。

　　"哦，给你！"菲菲这才意识到是两个人在玩，她赶紧把小桶和铲子推给小志，看上去很不好意思。

　　小志很快也做了一个沙堡，随即又把工具递给菲菲，菲菲接过工具很开心，她又盛了满满一桶沙，扣在两人的沙堡中间，接着把工具递给小志。

　　小志一边挖沙一边说："我叫小志，我知道你叫菲菲。"

　　菲菲笑了说："我也知道你叫小志，但是你妈妈接你的时候叫你大志，老师叫你小志。"

　　"妈妈生气的时候会叫我李鹏志，开心的时候叫我大志；我爸爸叫我臭志；门卫叔叔叫我小字（音）；我姥姥叫我志宝（至宝），说是世界上最好的宝贝的意思。"小志兴奋地说。

　　菲菲表情充满了羡慕说："你的名字可真多，我就没这么多名字。我就叫菲菲。"

　　"你可以叫小菲。"小志说，"我叫你小菲，好吗？"

　　"好啊，好啊。"菲菲高兴地说。

　　"小菲！"

　　"哎！小志！"两个孩子开心地笑了。

　　"我要跟我妈妈说，多给我起几个名字。咱们把这桶沙扣在这个上边吧？"

　　"装满一点再扣，要不不结实。"

　　…………

> 这是老师观察到两名幼儿入园几个月以来与其他幼儿交流最多的一次。这一天接下来的其他活动中都能观察到两名幼儿的互动，第二天早餐时菲菲主动要求坐在小志旁边。

目前，我国幼儿还是以独生子女为主，由于没有兄弟姐妹，他们在家时习惯了独自游戏，加之城市中人们的生活相对独立，如果入园前家长对幼儿的社会交往没有建立足够的认识，没有为他们提供足够的社交机会，会导致幼儿习惯于自己玩耍，没有交往的意愿和要求。很多幼儿在生长发育、运动、语言、认知等方面的发展都比较好，也可以很好地控制自己的情绪，但是在社会交往方面存在不足而且这种不足容易被忽视，本案例中的两名幼儿就是这种情况。社会性是人的本质属性，社会性发展对幼儿的健康成长有重要意义，是幼儿健全发展的重要组成部分，对其未来的发展也具有至关重要的作用。教师在游戏中通过减少材料，打破了两名幼儿原有的平行游戏模式，巧妙地制造了两名幼儿"被迫"合作的机会，幼儿的游戏水平得到了提高，社会性也得到了增强，更重要的是让幼儿体会到与同龄人交往的乐趣，产生主动交往的愿望，因此这种方法具有很好的借鉴意义。

下面我们看一下游戏对幼儿社会性发展的促进作用和教师的指导策略。

案例 7-4

自由活动的时候，4 名中班幼儿决定玩超市主题的游戏，他们从材料区中拿出几个篮子、几个小筐子、一些雪花片、彩色珠子和一些仿真果蔬、一些空饮料瓶。

但是他们在角色分配上僵持不下，所有的幼儿都想当超市导购，没有人想当顾客，致使游戏不能进行。僵持了几分钟以后，几名幼儿决定以剪刀石头布的方式来决定，输了的幼儿当顾客，最后冰冰被选中当顾客，她非常不情愿地拿着篮子在"超市"里逛着，3 名导购也索然无味地站在原地。一名幼儿对冰冰说："冰冰，你应该问我卖的是什么？"

冰冰说："我不想问，我不想买东西。我也想当卖东西的。"

"可是你输了，你就得买东西。"另一名幼儿过来跟冰冰说。

冰冰眼圈红了，小声说："我不想玩了。"

老师这时拿着一个篮子走过来，说："你们好，请问这家超市叫什么名字呀？"

几名幼儿大概从来没想到要给超市起个名字，一时回答不上来。想了一会儿，其中一名幼儿说："我们这儿叫开心小超市。"

"哦，原来这儿就是开心小超市。我听邻居说开心小超市的鸡蛋正在打折，我想看看新鲜不新鲜。"老师边说边拿起一些珠子左看右看，还摇了摇，说："嗯，这些鸡蛋不错，多少钱1斤？"

"5 块钱 1 斤。"

"挺便宜的，请给我称 2 斤吧。"

一名幼儿拿起一些珠子假装称了一下交给老师。

"嗯，中午我要炒鸡蛋，跟什么一起炒呢？我得再买点菜。"

"买我的，我这儿有西红柿，可以做西红柿炒鸡蛋。"

"我这里有韭菜，韭菜炒鸡蛋更香。"

"我这里有青椒！买我的！我的最新鲜。"

顾客受到了空前的礼遇。

"我要买点薯片，谁有？"一直没有说话的冰冰突然开口了。

"我这里有！"

"嗯……我要想想买什么口味的。"

"我这儿有番茄味、烧烤味、胡椒味，还有芥末味的！"一名幼儿抢着说。

"我这也有。"另一名幼儿说，"我这大袋的小袋的都有，还买一赠一。"

"我也要当买东西的。"看到冰冰和老师当顾客当得精彩又愉快，一名幼儿说。

"不行，刚才剪刀石头布都规定好了，你不能改！"其他幼儿抗议。

"刚才都想当卖东西的，现在都想当买东西的。要不咱重新剪刀石头布？"

这时拿着"鸡蛋"和"蔬菜"在一旁观察的老师突然说："我要的东西都找到了，我要结账了，你们超市的收银员去哪了？"

刚才要改行当顾客的幼儿马上说："我是收银员，我来给你结账。"他拿起"鸡蛋"和"蔬菜"用手对着，嘴里还仿照扫码机的声音"嘀——嘀——"

收钱找钱很顺利，"你们超市的服务真好！真的让人很开心，再见！"老师开心地离开了开心小超市。

现在超市中有两名导购、一位顾客、一名收银员，他们都对自己的"职业"很感兴趣，开心地玩了起来。

皮亚杰认为，2~7岁的幼儿具有"自我中心"倾向。他们往往只考虑自己的需要和感受，更多从自己的角度出发看问题，还不能站在他人的立场和角度理解问题。游戏是帮助幼儿克服"自我中心"倾向的重要途径，幼儿在游戏中更容易发现自己与他人的不同，能学会从他人的角度看问题，理解他人的情绪感受，从而更好地融入社会，实现社会化。

在这个案例中，由于幼儿都有在超市当顾客的经验，都对自己没有体验过的导购角色更感兴趣，因而产生了角色分配的矛盾。他们用剪刀石头布的方式来决定角色的分配，说明中班幼儿在集体活动中有了一定的解决矛盾的能力，但是游戏并没有顺利地进行，是因为被迫妥协当顾客的幼儿游戏兴趣低落，无法深入游戏。这时教师以角色的身份适时介入，通过在超市挑挑拣拣引导他们发现当顾客的乐趣，让幼儿愉快地参与游戏。同时，对于做导购的幼儿也起到引导作用——要想做一个开心的导购，就要好好考虑顾客的需要，这对幼儿克服"自我中心"倾向非常有帮助，是他们发展社会性过程中的重要一步。后来，当角色再次有争议时，教师又要求结账，帮助幼儿发现新的角色和游戏脚本，这样既开拓了他们的思维，又提高了其在集体游戏中相互配合的意识。

二、游戏对幼儿社会性发展的作用

幼儿与同伴之间的游戏是其开展社会学习的重要途径，教师应为幼儿提供人际交往与共同活动的机会和条件，并加以指导。游戏对促进幼儿社会性发展主要表现在以下几个方面。

1. 游戏为幼儿提供了充足的社交机会

很多游戏都需要幼儿共用游戏空间，从而为幼儿提供了大量的社交机会。幼儿在游戏过程中学会合作、分享、帮助、谦让等一些人际交往的基本技能，很好地促进了亲社会行为的发展。

2. 游戏有助于幼儿克服"自我中心"倾向

与自私自利不同，"自我中心"倾向是幼儿心理发展过程中的一个阶段性的正常心理现象。在游戏中，幼儿会就材料分配、游戏规则的制定、游戏规则的遵守等问题相互商量、讨论、合作，共同解决问题，在游戏的矛盾冲突中不断调整自己；在角色扮演时得到了换位思考的机会，在扮演他人时改变看问题的角度，有助于理解他人的感受。这些都有助于幼儿克服"自我中心"倾向。

3. 游戏有助于幼儿建立社会规则意识

幼儿在游戏中学习遵守游戏规则和在角色模仿游戏中学习的社会行为规范，会迁移到他们的实际生活中，从而有助于幼儿理解和遵守现实生活中的道德行为规范，形成良好道德品质和行为规范。

4. 游戏有助于幼儿锻炼社会交往技巧

幼儿在游戏中难免会面临分歧和争执，他们在解决这些问题的过程中，通过观察同伴的言行和教师的适当指导，可以掌握各种与他人相处的社会交往技巧。

5. 游戏有助于锻炼幼儿的意志

游戏要求幼儿与他人合作、遵守游戏规则、控制自己的情绪，幼儿通过游戏可以很好地锻炼自己的意志，增强自制力。

三、利用游戏促进幼儿社会性发展的策略

1. 为幼儿提供丰富自由的游戏情境

丰富的游戏情境能够为幼儿创造各种交往机会和生活主题，相对宽松的活动气氛、灵活多样的活动形式让幼儿学习在不同情况下与他人交往，践行各种亲社会行为。例如，幼儿在照顾"小宝宝""病人"的过程中学习安慰和帮助，在"拔萝卜"的游戏中体验相互帮助、众人合作的重要性和帮助别人的快乐。

2. 科学地为幼儿提供游戏材料

游戏材料并不是提供越多，游戏效果就越好。教师应根据幼儿的发展目标，科学地、有目的地为幼儿提供游戏材料。

3. 根据年龄特点和发展水平循序渐进

不同年龄的幼儿的社会性发展水平不同，教师应根据幼儿的年龄特点和发展水平，利用游戏促进幼儿的社会性发展，不可操之过急。例如，小班的幼儿，其"自我中心"倾向非常明显，如果直接让他们分享，反而达不到应有的教育效果。

4. 细心观察，适当介入

教师应对游戏中的幼儿随时细心观察，发现问题后要判断是否有必要介入，当游戏无法深入，幼儿兴趣低落或者出现激烈的矛盾及人身危险时，教师可介入游戏。同时，教师还要选择恰当的时机和科学的介入方式，对幼儿的游戏行为进行指导。例如，在角色游戏中，教师以角色身份介入游戏对幼儿进行引导，再适时地退出游戏，通常要比以教师身份介入游戏

的效果更好。

5. 科学引导，促进发展

幼儿在游戏中经常会出现告状行为，这本身是幼儿社会性发展的一种表现。幼儿告状的动机很复杂，教师要区分原因并科学引导，要注意处理告状的目的不在于解决矛盾，而在于帮助幼儿在游戏中逐步树立独立自信和提高解决矛盾的能力。

第四节 幼儿游戏行为与幼儿大动作和精细动作发展

幼儿通过参加各种游戏活动，使其肢体动作能力得到发展，尤其是在户外游戏时，幼儿奔跑追逐、攀爬跳跃，使大动作得到锻炼，肌体的协调性、平衡性、灵活性都得到增强；一些室内操作类游戏可以锻炼幼儿的精细动作与手眼协调能力。本节我们通过分析以下案例，希望能够达到举一反三的教育效果。

一、幼儿体育游戏案例分析

⚙ 案例 7-5

老师观察到进行户外活动时，有的幼儿活动几次后就停下来，活动量不够。

甲幼儿跳了几下绳，就停下和旁边的小朋友说话。

乙幼儿拍了一会儿球，来到秋千旁边，秋千旁边聚集了5名幼儿，他排队等了一会儿就放弃了，又拿起球拍了几下，突然被地上的一窝蚂蚁吸引，蹲下来看了起来。

丙幼儿和丁幼儿一起跳绳，跳了一会儿，她们把两根跳绳往一起拧，后来又找到一根跳绳，用3根跳绳编起了麻花。

虽然幼儿的其他活动也是幼儿娱乐、交往、探究的一部分，但是在应该运动的时间运动量远远不够，就起不到户外锻炼应有的作用。于是老师重新设计了一个寻宝游戏。

20名幼儿，分为4组，每组5人。

游戏材料：边长为30厘米的正方形泡沫拼图地垫、弹力绳、呼啦圈、串珠。

以各色的串珠为宝石，放在盘中作为"宝藏"，为了取得宝石，小朋友需要过3关。

第一关：有王莲叶子的水塘，摆在地上的呼啦圈代表王莲叶子，如果脚踩在呼啦圈外边就代表掉入水塘，需重新回到起点。

第二关：将10块泡沫拼图地垫拼成长条形，代表小桥，如果踩到地垫外面即为掉入河中，需重新回到起点。

第三关：将弹力绳平行固定在离地面40厘米处代表山洞，幼儿需爬过山洞到达藏宝地。

到达藏宝地后，每次取1颗宝石（串珠）原路返回到终点，将宝石穿在绳上，每5颗宝石可以做成一串项链，游戏结束时看哪一队获得的项链最多。

本案例中，由于小班幼儿年龄小，运动能力低，他们自觉组织、参加运动的兴趣和能力都不足。因此，教师将几个游戏整合，设置成符合幼儿运动水平的关卡，增强了运动的故事性、趣味性和竞争性，在游戏的过程中锻炼幼儿的走、跑、跳、爬、平衡能力等大动作的发展和感觉统合能力，同时也锻炼了幼儿的精细动作、手眼协调的发展。每组 5 名幼儿，幼儿既可以得到足够的体育锻炼，又可以在同伴"寻宝"时得到休息并给同伴加油，符合小班幼儿的运动水平和运动节奏。以组为单位统计成绩，也增强了幼儿的竞争意识和团队合作意识，提高了幼儿参与体育锻炼的积极性和主动性。

二、利用游戏促进幼儿大动作和精细动作发展的策略

1. 利用游戏增强运动的趣味性

将走、跑、跳、爬、抛掷等基本动作渗透到花样繁多的游戏中，提高幼儿参与运动的兴趣，在游戏中反复练习，使幼儿的动作从生疏到熟练。

2. 利用不同游戏有针对性地促进幼儿大动作和精细动作发展

有的幼儿的感觉统合能力较差，教师可以选择爬行动作较多的游戏；有的幼儿的精细动作发展较差，教师可以多安排一些翻绳、穿珠子的游戏。

3. 整合动作，共同发展

幼儿的大动作与精细动作发展不是完全割裂的，而是相互影响、相互促进的，教师可以将对大动作与精细动作的锻炼整合到同一游戏中，实现共同发展。

4. 在运动游戏中培养社会性

教师应有意识地在游戏中锻炼幼儿的意志，培养幼儿的团队精神、竞争意识和规则意识。

5. 继承发扬民间游戏

我们有很多优秀的民间游戏，如丢沙包、跳房子、踢毽子、翻绳、剪纸等，这些游戏对幼儿的动作发展非常有帮助，教师要善于继承和发扬传统的民间游戏。

第五节　幼儿游戏行为与幼儿创造力发展

游戏的本质是实现幼儿的愿望，是一种创造性的反映生活的活动。心理学家科琳·亨特认为幼儿游戏行为与创造力呈正相关关系。幼儿在游戏中充满好奇，大胆地想象、探索，从而使创造力得到发展。本节我们将学习如何利用游戏促进幼儿创造力的发展。

一、案例分析

案例 7-6

老师教小班幼儿玩积木。老师先做示范，取两块方积木做桥墩，再搭一块长积木做桥身，再用几块方形积木和一个大三角积木在桥的旁边搭出一座小房子。

老师讲解完毕，一些幼儿照着老师的示范搭了起来。

老师发现有几名幼儿并没有照着做。

A 幼儿把所有的积木一直往上摆，然后推倒。

B 幼儿把积木横着摆了一排，嘴里还说着什么。

C 幼儿把积木横着摆了一桌子，并不时地调整积木的位置，嘴里还说着什么。

D 幼儿一直尝试让一块三角形积木顶点朝下立住。

老师并没有责怪这些幼儿。她先走到 A 幼儿身边，问他："你在做什么呀？"

"我在盖一个大高楼，然后实施爆破。"原来前两天他在电视上看到一个高楼爆破的过程，他觉得这很酷。

"这真的很酷，你可以试试看怎样搭得更高，怎样让它倒下来更快。"老师说，"不过下课的时候，你要把积木收拾好哦。"

A 幼儿对怎样搭得更高这个提议并不是特别感兴趣，他的兴趣都集中在"爆破"上，所以接下来的时间，他做了很多尝试来使积木倒下来更快。

老师走到 B 幼儿身边，发现她一直在说："赤橙黄绿青蓝紫，赤橙黄绿青蓝紫……"原来她把积木按照"赤橙黄绿青蓝紫"的顺序摆放，看似没有规律的横着乱摆其实是有序的。

老师在 C 幼儿身后观察了好久，并没有找出她摆放和挪动积木的规律，就问她："你在做什么呀？""它们在过家家。"她拿起一个绿色的长条大积木说，"这个是爸爸，他是一个工程师。"又指着一个红色的三角形积木说："这个是妈妈，妈妈现在要去买菜。她在说：再见宝贝，你在幼儿园要乖乖的，晚上妈妈给你做好吃的。"原来 C 幼儿赋予了每一个积木一个角色，用它们玩过家家游戏。

"你想让它用顶点站立吗？"老师问 D 幼儿。

"嗯，可是它老是倒下来。"

"我也试试。"老师也拿了一块三角形积木试着让它顶点朝下立住，也失败了，"哎呀，我的也倒了！"

"我再试试这块。"老师又拿了一块立方体积木试着让它顶点朝下立住，同样也失败了，"这种也不行。"

在老师的启发下，D 幼儿试了所有形状的积木，虽然都没有立住，但是他的兴趣却更浓厚了。开始拿彩笔、椅子等其他物品尝试。下课的时候老师拿来一把长柄雨伞，尖头朝下放在食指上，雨伞摇摇晃晃的却没有倒。

"老师，这是为什么呀？"他很兴奋地问老师。

"这和物体的重心有关系，老师现在也讲不太清楚。等你再大一点了，学习一些物理知识就会明白了。"

我们从本案例中可以看出，幼儿活泼好动、好奇心强、自制力差。他们不一定都会按照教师预设的方向和目的进行游戏，反而经常按照自己的兴趣自由发挥，这正是幼儿对未知世界进行不断探索的过程。因此，教师不要过分强调游戏结果，而要注重他们在游戏中感知、探索并获得乐趣和满足的过程。

本案例中教师的做法就非常值得借鉴，他通过鼓励、启发幼儿一起参与游戏等方式，最大限度地支持了幼儿的"另类"行为，为幼儿的创造力发展提供了宽松的环境和很大的支持。

二、游戏对幼儿创造力发展的作用

（1）游戏为幼儿提供了更为宽松和自由的探索机会。幼儿在游戏中可以更加真实、自由地表现自己的创造力，幼儿的创造思维也可以得到自由的发展，其创造潜能也因此得到充分的发挥。

（2）游戏材料为幼儿提供了动手操作、探究的机会。幼儿在使用操作材料的过程中积极想象、不断创造，对游戏材料进行拼、插、搭、捏、揉、折、剪、贴等的过程正是幼儿发挥创造力的过程。

（3）游戏能激发幼儿专心探索的热情，有利于幼儿跳出原有信息，对事物进行转换，开拓新途径，促进创造力的发展。

（4）强烈的好奇心和旺盛的求知欲是幼儿个性的典型特征，游戏活动有助于幼儿对事物保持强烈的好奇心和求知欲。

三、游戏与幼儿创造力的关系及其发展的策略

教师要根据幼儿创造力发展的特点，正确地引导、启发幼儿，充分发掘幼儿的创造潜力，激发幼儿的创造热情，满足幼儿的创造欲望，从而培养出具有创造力的幼儿。

1. 创设开放性游戏环境

大自然无穷的变化和无拘无束的气氛，最容易引发幼儿的创造性游戏。城市化使大多数幼儿远离大自然，即使有草坪、花木，也都是经过人工修饰的，整齐划一，不利于幼儿进行创造性游戏。幼儿园除了日常建筑以外，应多设置开放性的自然活动空间，如树林、草坪、沙坑、菜园和小型养殖园等，为幼儿提供开放性游戏环境，让幼儿创造自己感兴趣的活动空间。

2. 营造和谐、轻松、自由的心理环境

心理学家罗杰斯认为"心理的安全"和"心理的自由"是促进创造力发展的两个重要条件。促进幼儿创造力的发展，需要为幼儿提供安全、自在的心理环境和开放、宽松、自由的游戏环境，使幼儿的好奇心、求知欲、创造动机和兴趣等心理需求得到满足，促进幼儿创造力的发展。

3. 减少不必要的限制

埃里克森曾经说过："自由在何处止步或被限定，游戏便在哪里终结。"在保障安全的前提下，教师不应过分强调游戏的玩法、规则和结果，应尽量减少对幼儿思维和行动不必要的限制。

4. 提供有利于幼儿创造力培养的游戏材料

教师要根据幼儿的身心发展水平提供丰富的游戏材料，为每个幼儿都能运用多种感官、多种方式进行探索创造条件。相较于成品玩具，半成品的材料和取自生活及自然的材料更有助于促进幼儿发散思维和求异思维能力的发展，发挥幼儿的创造性想象，培养幼儿的创造力。

5. 充分利用角色游戏

丰富的知识经验是幼儿进行创造性活动的前提。幼儿的生活经验大多来自在幼儿园和家庭中的生活与学习，不同的角色游戏可以极大地丰富幼儿的生活知识，为幼儿创造力发展奠定基础。同时，角色游戏中的以物代物、游戏脚本设计都可以为幼儿发挥想象力和创造力提供很好的机会。

6. 适当引导和启发

教师要引导幼儿探索现有玩具和游戏的新玩法，还可以鼓励幼儿充分发挥想象，创造性地制作玩具。让幼儿自己动手制作玩具是培养幼儿动手能力和创造力的有效途径，幼儿在教师的启发下，把玩具材料与生活经验结合起来，创造出各种玩具，并获得极大的探索、创造的乐趣。

7. 及时表扬和肯定

教师要善于观察，发现幼儿在游戏中的探究行为和创造性行为，应及时表扬、奖励幼儿，这样既可以消除幼儿怕犯错误的恐惧心理，又能让幼儿意识到他们的创造性观点或行为是得到认可的，可以充分激发幼儿的创造热情，让幼儿敢于创造、乐于创造。

第六节　指导幼儿游戏应注意的问题

在指导幼儿游戏时，教师应该注意以下几个问题。

一、尊重幼儿游戏的愿望和需求

喜欢游戏是幼儿的天性，他们可以随时随地开始游戏，教师如果能充分利用幼儿喜欢游戏的特点，加以科学的指导，会对幼儿发展起到很大的助推作用。反之，如果教师不尊重幼儿游戏的愿望和要求，粗暴干涉，则会阻碍幼儿发展。

案例 7-7

"嘀嘀嘀……让开，你们都快给我让开！"嘉嘉在院子里飞快地跑着，嘴里还不停地发出"嘀嘀嘀"的声音，其他正在玩别的游戏的小朋友只好给他让路，有些小朋友没有及时让开，被他大声驱赶着。

"嘉嘉，你在做什么呀？"老师问他。

"我是一辆大公交车，嘀嘀嘀！"他自豪地说。

"哦，你是一辆大公交车呀。"老师说，"你是几路车？要从哪里开到哪里？"

"我是 K200 路公交车，从会展中心开到动物园！"他边说边从小朋友中间急驰而过，"让开，快让开！"很多小朋友不得不停下自己的游戏给他让路。

"我正好要到会展中心去，我可以坐这趟车吗？"老师问。

"可以，快上车！不过你得先刷公交卡！"见来了第一位乘客，嘉嘉非常兴奋。

"叮——"老师配合地做出刷卡的动作，还发出刷卡的声音，然后就随着嘉嘉一起开动了。

"嘉嘉，你知道吗？只有开车技术最棒、最懂交通规则的人才可以被选为公交车司机。"

"真的吗？那我就是最厉害的了！"嘉嘉更开心了。

"嗯，你开车的技术是很不错。不过我看见你有时开得太快，超速了，有时没有遵守交通规则，开车一定要把安全放在第一位，可不能撞到路边的东西和行人啊！"

"哦，我知道了，老师！"他稍稍放慢了速度，小心地从其他小朋友身边绕过。

"嗯，这样就安全多了！"老师夸奖他，"再就是不要频繁地按喇叭，这样会吵到别人，只有在必要的时候按喇叭。你坐公交车的时候，公交车司机是不是也没有一直按喇叭呀？"

"好像是……"嘉嘉的声音小了下来。

"公交车司机还特别有礼貌、有爱心，对吗？"老师接着问。

"我也很有礼貌和爱心。"嘉嘉突然明白了什么，"各位乘客下午好！欢迎乘坐 K200 路公交车，请给老、弱、病、残、孕和怀抱婴儿的乘客让座，谢谢大家！前方到站……"

这时有几个小朋友受到吸引，也作为乘客加入这个游戏中。"公交车"也不再横冲直撞，乱按喇叭了。

在这个案例中，教师充分尊重幼儿喜爱游戏的天性，利用幼儿的心理特点，积极配合幼儿的假装游戏，作为乘客参与幼儿的游戏，对幼儿的游戏行为进行指导，既让幼儿乐在其中，又成功地引导其遵守规则，不干扰他人，保持礼貌。这是对幼儿游戏需求极大的尊重，既成功地保护了幼儿游戏的兴趣，又使幼儿的社会性得到了良好的发展。试想，如果这个幼儿遇到不懂幼儿心理、不尊重幼儿游戏需要的教师，也许就会因为大喊大叫和横冲直撞受到教师的批评，甚至惩罚，从而遭受很大的负面影响。优秀的教师要善于在幼儿游戏中体察到幼儿的需要，随时随地抓住机会对幼儿进行指导，效果往往事半功倍。

二、让幼儿成为游戏的主体

《幼儿园教育指导纲要（试行）》明确指出："教师应成为幼儿学习活动的支持者和合作者、引导者"。教师要充分发挥幼儿在游戏中的主体作用，在保障幼儿安全的情况下尽量放手，让幼儿去设计与实施游戏活动，自由、自主、自觉地开展游戏。

案例 7-8

四名中班幼儿正在玩沙包游戏，他们两人一组，一组横列在场地中间，另一组的两名幼儿分站两端。开始后，由一端的幼儿用沙包扔向场地中间的幼儿，扔中了谁，谁下场；扔不中，则另一端的幼儿将沙包捡起接着丢，场上的幼儿可以躲沙包，也可以接沙包，如果把丢过来的沙包接住，则对方失分，被罚出场的幼儿可以重新上场。老师注意到，场中间的幼儿总是尖叫嬉笑着躲过沙包，然后把沙包拿起，砸向场地另一端的幼儿。另一端的幼儿尖叫着躲过，然后再扔向场中间的幼儿。

"你们这样玩不对！"老师走过去说，"不能拿沙包打场外的小朋友。中间的只能躲沙包和接沙包。"几名幼儿互相看了看，点了点头。继续按照老师的要求玩了起来，只是刚才尖叫欢笑的热闹气氛不见了，他们按照老师的要求中规中矩地玩了一会儿就结束了游戏。

从此案例我们可以看出，幼儿在沙包游戏中没有严格按传统游戏规则进行，但是参与成员默认了新的游戏规则并乐在其中。教师干涉、介入后反而导致游戏活动失去了挑战性和吸引力，影响了幼儿参与游戏的积极性和主动性。所以，教师应当让幼儿成为游戏的主体，留给幼儿充分发挥的空间，减少不必要的干涉和指导。如果幼儿在游戏中发现了问题，教师再去引导幼儿解决问题。

三、尊重幼儿的年龄特点与个体差异

幼儿的发展存在着个体差异，有的幼儿各方面发展比较均衡，有的幼儿在某些方面能力强而在某些方面发展滞后。《3-6 岁儿童学习与发展指南》中也提出"尊重幼儿发展的个体差异"。这就要求教师尊重幼儿的个体差异，在细心观察的基础上进行个别指导，使所有的幼儿都能得到全面发展。

🔍 **案例 7-9**

在"寻宝游戏"（游戏规则见案例 7-5）中，小朋友需要走过摆满用呼啦圈做成的王莲叶子的池塘、拼图做成的独木桥，钻过山洞，才能拿到宝石做成项链。游戏开始后，小朋友依次通过关卡，顺利地拿到了第一颗宝石。熠熠排在二组的最后，他先小心翼翼地走过了池塘，来到独木桥，都迟疑着不敢迈上去，二组的小朋友非常着急，纷纷大声喊："熠熠，你快点儿啊！""熠熠你快点，咱们都落后了！"小朋友越是催促，熠熠越是不敢迈上去。

"熠熠是胆小鬼，我们要输了！"

"老师，我们不要跟熠熠一组。"有的小朋友着急了。

熠熠站在小桥前涨红了脸，哭了起来。

老师走过去，对熠熠说："熠熠，你很害怕，对吗？"

他哭着点点头。

"老师牵着你的手一起过，好吗？"老师问。

他摇摇头，大声地哭了起来。

老师对二组其他的小朋友说："后面的小朋友可以继续寻宝，熠熠的手很巧，我们先让他帮你们组做宝石项链好吗？"

二组的小朋友同意了这个提议，继续投入游戏中。老师领着熠熠回到起点，对他说："如果你害怕，先不要着急。咱们先来做项链，老师知道你最会穿珠子了。"他停止了哭泣，开始摆弄取回的宝石。

"你很怕掉下去，对吗？"老师见他平静了小声地问。

"对，我害怕。"熠熠的表情重新紧张了起来，"有一个绘本里的两只小山羊顶架，就从独木桥上摔下掉进水里了。"

"如果从真的独木桥上掉下去是挺可怕的，可是我们做独木桥的拼图板是很薄的呀，就算摔下去也没有关系的。再说独木桥底下也不是真的水。"老师耐心地解释着，"要不一会儿老师牵着你的手试试？"

熠熠使劲摇摇头没有说话，眼圈红了，好像马上又要哭出来。老师连忙安慰他："没关系，你害怕的话，咱们就不去了。你珠子穿得快，也为你们组作贡献啦！"

一直到游戏结束，熠熠也没有尝试过独木桥，老师也没有再提议。

第二天，老师找来几张 60 厘米宽的拼图地垫拼成长条让熠熠练习，并告诉他这是一座大桥，熠熠面对加宽的桥，紧张感轻了很多，在老师的鼓励下，他上了桥，顺利地到达桥的另一端，他越走胆子越大，越走越快。老师又找来 50 厘米宽的拼图让他试试，他稍微一犹豫就走上去并轻松过桥。"看，窄一点的小桥，你也可以过去。还可以走得这么快。"老师说，"今天就练到这儿吧！"

第三天，老师先让熠熠在 50 厘米宽的拼图上面练习，熟练以后又换成 40 厘米宽的，刚开始他有些紧张，要求扶着老师的手一起走，老师扶着他练了几次以后，他逐渐摆脱了对老师的依赖，自己轻松自如地走了起来。"这么窄的小桥，你都走得这么好，我觉得再练练，你就可以参加比赛了。"老师对熠熠说。

"可是我还是有些害怕。"

"没关系，你先练习，等你练好了以后咱们再开始比赛。"老师说。

"真的吗？真的可以等我练好了再比赛吗？"他的眼睛亮了起来。

"嗯，真的，老师等着你。你可以在家里多练练。"

由于第一次寻宝游戏小朋友玩得都很开心，接下来的几天都有小朋友提出再玩寻宝游戏，但是老师并没有急于安排。

一周以后，熠熠悄悄告诉老师他一直在家练习，想要试一试，于是老师便又安排了一次寻宝游戏。这次熠熠虽然依旧有点紧张，但还是鼓起勇气，小心地过了独木桥，钻过山洞，拿到了宝石，然后原路返回。他没有急于将珠子穿起来，而是拿着它自豪地对老师展示："老师，我也拿到了宝石！"

在这个案例中，熠熠平时不太喜欢参加体育活动，胆子也比较小，运动能力明显落后于同龄幼儿，在一些户外活动中参与兴趣低，分组时经常被小朋友孤立，这对他的运动能力和社会性发展非常不利，长期被孤立还有可能引发心理问题。教师在指导的时候，充分尊重了幼儿的个体差异，没有急于求成，而是利用熠熠精细动作发展较好的优点安排他穿珠子，让他在集体中找到价值，并且提供不同的活动材料降低难度，耐心地鼓励他，逐步帮助其消除紧张心理，树立对运动的信心。

因此，教师在游戏活动中，要通过观察发现每个幼儿的基本能力、情感、行为和不同的学习特点，关注幼儿的个体差异，因材施教，根据幼儿的差异有针对性地开展教育，才能有效地促进每个幼儿在原有水平上取得更好的发展。

四、选择适当的介入时机和科学的指导方式

很多时候我们都强调在游戏中要以幼儿为主，给幼儿创设宽松的游戏环境，尽量减少不必要的介入和指导，但是减少指导并不意味着不指导，教师要保持顺其自然的态度，在给予幼儿充分自由的同时，以适当的介入时机和科学的指导方式指导幼儿游戏，助力幼儿的发展，达到事半功倍的效果。

1. 适当的介入时机

教师在指导幼儿游戏的过程中，要注意观察，及时发现问题，但不是所有的问题出现后，都需要教师立即进行干预，应给幼儿自我协调解决的空间，当出现以下情况时，教师则应及时予以指导。

（1）当游戏威胁幼儿安全时。

游戏过程中经常会发生一些特殊情况威胁幼儿安全，这时教师必须及时对游戏进行干预，防止产生不良后果。

（2）当幼儿在游戏中产生无法自行解决的冲突时。

幼儿在游戏过程中经常出现冲突，教师应鼓励幼儿通过解决冲突事件学会协商、合作、谦让等解决策略，提高其社会交往能力。当幼儿缺乏这些社交能力无法自行解决矛盾时，教师应适当介入，既可以引导幼儿解决冲突，又可以促进幼儿的社会性发展。

（3）当幼儿遇到无法克服的困难时。

当幼儿在游戏中遇到困难而又无法解决时（见案例 7-9），教师的适当介入能帮助幼儿战胜困难，提高技能水平，促进幼儿的发展。

（4）当游戏无法深入，幼儿缺乏兴趣时。

幼儿在游戏中经常会出现无法顺利进行的情况，如角色或建构游戏情节无法展开，幼儿陷入茫然，游戏兴趣低落时，教师适时介入，可以为幼儿打开思路，有效增进幼儿社会性与认知的发展。

（5）教师适当的启发帮助更有利于幼儿发展时。

有时幼儿在玩游戏时并没有过于明显的问题，但是如果教师能稍加启发，对幼儿的发展更加有帮助，也是可以介入的（如案例 7-6）。

2. 科学的指导方式

教师对幼儿游戏的指导应当以引导启发为主，如果不涉及安全问题，尽量不直接干预，所谓"教育无痕"，要讲究指导的科学性。

（1）"平行游戏"方式。

教师可以在幼儿附近进行游戏或者操作游戏材料，引发幼儿模仿，起到指导的作用。

（2）以角色身份直接参与游戏。

教师不是以教师身份，而是以与幼儿相同的角色身份参与游戏，通过角色与角色之间的互动，在避免打扰幼儿的前提下发挥指导幼儿游戏的作用。

（3）提问启发。

教师用提问的方式对幼儿游戏进行指导（如案例 7-6），比直接给出解决方案更有利于启发幼儿的思维。提问能激发幼儿游戏的兴趣，也有利于引导幼儿学到更多解决问题的方法。

（4）关注发展。

教师对幼儿游戏的指导，应以时刻关注幼儿的全面发展为出发点。例如，教师在解决幼儿游戏中矛盾冲突的时候，不能仅满足于解决眼前的矛盾，而是要关注在解决矛盾的过程中幼儿认知和社会性的发展。

五、注意游戏材料对幼儿游戏的影响

《纲要》指出："提供丰富的可操作的材料，为每个幼儿都能运用多种感官、多种方式进行探索提供活动的条件。"游戏玩具、材料是开展游戏活动的物质基础，材料的科学投放是决定幼儿活动的重要因素之一，它直接影响着幼儿的游戏兴趣，使幼儿在游戏中获得感觉经验，巩固学到的知识和技能，促进其创造力的发展。

游戏材料并不是投放越多、越真实、越漂亮，效果就越好；玩具也不是越新奇、越"高级"，效果就越好。而且很多幼儿园都面临游戏材料短缺、陈旧的问题，充分利用幼儿园现有材料，挖掘身边一切可利用的材料，科学投放材料对勤俭办园、提升教师专业素质和促进幼儿在游戏中全面发展有着非常重要的意义。游戏材料的选择和投放需要注意以下几点。

1. 选择幼儿感兴趣的材料

首先是选择幼儿感兴趣的材料，通过教师的科学引导，引出好的游戏主题。教师可以鼓励幼儿将自己感兴趣的材料带到幼儿园，如小石头、水果、蔬菜、种子、树叶等，它们既可以做科学游戏的材料，又可以做手工游戏、户外游戏的材料。由于材料是幼儿主动带入幼儿园的，幼儿往往对这些游戏材料抱有浓厚的兴趣。

2. 充分利用废旧物品

教师可以让幼儿收集各种塑料瓶、包装盒、塑料袋、旧衣服、旧挂历等。这些废旧物品不怕被损坏，能够充分满足幼儿好奇心强的特点，幼儿可没有压力地任意操作、探究，这样不仅能够很好地促进幼儿认知和创造力的发展，还可以让幼儿树立环保意识。

3. 注意年龄特点和发展水平

教师在投放材料时要充分考虑幼儿的年龄特点和发展水平，选择与其相适应的材料，才能激发幼儿利用材料的主动性，幼儿才能获取信息、积累经验、丰富情感，从而获得发展。

4. 丰富材料的投放形式

同一种材料可以有不同的投放形式，如呼啦圈，既可以让幼儿练习旋转，又可以作为走跑跳钻、体操等游戏的辅助材料，还可以作为角色游戏的道具。教师也可以从幼儿的主体意识出发，将各种材料集中投放，让幼儿根据自己的兴趣和需要自行选择、搭配材料。

5. 注意观察，适时调整

教师应注意观察游戏中材料对幼儿活动的影响，有针对性地调整对材料的投放。例如，在游戏中发现幼儿以平行游戏为主，可以适当减少材料的投放，促进幼儿的社会性发展；幼儿对成品材料兴趣减弱，可以投放半成品的游戏材料，以提高幼儿的游戏兴趣和创造力。

课后练习

1. 简述游戏对幼儿语言能力、社会性、大动作和精细动作、创造力等方面发展的作用。

2. 幼儿游戏的观察要点有哪些？

3. 利用游戏促进幼儿语言能力、社会性、大动作和精细动作、创造力等方面发展的指导策略有哪些？

4. 指导幼儿游戏应注意哪些问题？

5. 调查幼儿园大班、中班、小班建构区材料的投放情况。

6. 观察幼儿的区域游戏，并记录幼儿教师的指导方式。

实训任务

1. 假如你是案例 7-2 中达达的老师，请设计一个语言类角色游戏，并模拟实施，引导达达积极参与游戏，促进其语言能力的发展。

2. 请收集幼儿游戏案例，分小组讨论游戏设计是否有利于培养幼儿的创造力，如果你是案例中的老师，将如何优化游戏方案，激发幼儿的创造力。

08

第八章
幼儿社会性行为的观察分析
与指导

素质目标

1. 尊重幼儿社会性发展规律，关心热爱幼儿。
2. 注重观察的主动性、敏感性、全面性。
3. 具有培养未来高素质公民的责任感和使命感。

知识目标

1. 理解幼儿矛盾冲突行为、分享行为、规则意识、责任心行为、告状行为的成因。
2. 掌握幼儿矛盾冲突行为、分享行为、规则意识、责任心行为、告状行为的观察要点及指导策略。

能力目标

1. 能根据观察要点观察幼儿的矛盾冲突行为、分享行为、规则意识、责任心行为、告状行为。
2. 能对幼儿的矛盾冲突行为、分享行为、规则意识、责任心行为、告状行为展开分析并针对问题提出合理建议。

学海导航

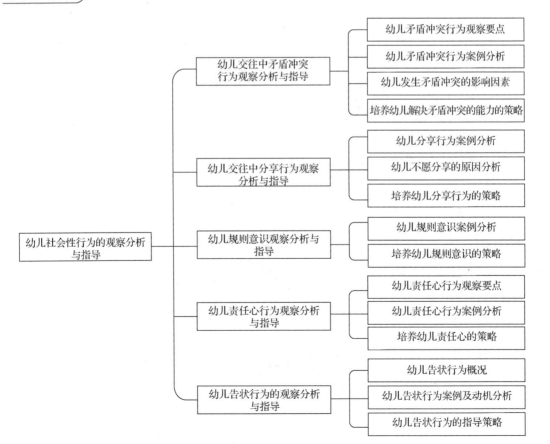

　　社会性是人的本质属性，社会性发展对幼儿的健康成长有着重要意义，是幼儿健全发展的重要组成部分，对其未来的生活也具有至关重要的作用，促进幼儿社会性发展已经成为现代教育的重要目标。在第七章中，我们学习了通过游戏培养幼儿的社会性；在本章，我们将通过案例学习幼儿交往中矛盾冲突行为、分享行为的观察分析与指导，探究如何培养幼儿的规则意识、责任心，以及如何对幼儿告状行为进行指导。

第一节　幼儿交往中矛盾冲突行为观察分析与指导

　　幼儿在交往中发生矛盾冲突是很常见的现象，教师的指导不能仅停留在平息他们当前的争执和维持幼儿的和平共处上，而是要充分利用这些矛盾冲突，引导幼儿学会合作、协商、分享等社会交往技巧和遵守社会规则。下面将通过案例讲解幼儿交往中矛盾冲突行为观察分析与指导策略。

一、幼儿矛盾冲突行为观察要点

（一）幼儿发生矛盾冲突的常见原因

（1）争抢玩具、资源或同伴及教师的认可。

（2）一方不同意另一方加入活动。

（3）制定游戏主题或规则时出现分歧。

（4）有幼儿不遵守游戏规则。

（5）幼儿之间不能彼此理解而造成误会。

（6）幼儿对某一问题看法不一致。

（7）无意间打扰到对方的活动。

（8）无意间的肢体碰撞。

（二）矛盾冲突中幼儿的表现

（1）大声争论。

（2）哭泣。

（3）肢体攻击。

（4）破坏对方的东西。

（5）语言攻击。

（6）孤立对方。

（7）使用语言协商。

（8）逃避。

（9）求助成人。

二、幼儿矛盾冲突行为案例分析

⚙ 🔍 **案例 8-1**

　　户外游戏开始了，随着老师发出号令，小朋友们都开始争先恐后地领器材。班上的"小大人"晨晨和雨宣兴高采烈地抬着木马车，这时瑶瑶跑了过来，说："我和你们一起抬吧！"雨宣很不情愿地说："有两个小朋友抬就可以了，不需要你。"可瑶瑶却坚持要一起抬，局面一下子紧张起来。雨宣在旁边急了，用手想把瑶瑶推开，两个人在那边僵持不下。王老师在旁边看到了整个过程，但始终没说一句话。不一会儿，瑶瑶来"告状"了："王老师，她不让我抬。"王老师说："你可以和雨宣好好地商量，是不是你的方法不对，她才不愿意和你一起抬的？"听了王老师的话，一边的晨晨突然说："那边不是还有一个角没有人抬吗？你就抬那里好了。"瑶瑶听了后用期待的眼神看了看雨宣："我和你们一起抬好吗？"雨宣想了一下就同意了。于是，3位小朋友一起抬着木马车到达了户外游戏区。

　　幼儿在游戏中产生矛盾冲突是难免的。究其原因，主要是幼儿的需求没有得到满足。这种需求包括物质上的与精神上的，如自己想玩的玩具没有得到，希望加入他人的游戏被拒绝，等等。案例中的瑶瑶因想帮助同伴却遭到拒绝而与同伴发生矛盾冲突，王老师并没有直接介入，而是给予她自主解决问题的时间和空间。当瑶瑶寻求帮助时，王老师给予瑶瑶提示：要和雨宣好好商量，要反思自己被拒绝的原因，是不是方法不对。最终，矛盾冲突得到解决。

　　解决矛盾冲突是幼儿学习与人交往的途径之一，幼儿正是在一次又一次与他人发生矛盾冲突、解决矛盾冲突的过程中，逐渐学会与人沟通、协商、分享、合作与谦让。当幼儿之间发生矛盾冲突时，教师要在第一时间来到冲突现场，关注幼儿之间矛盾冲突的发展，但是不要急着介入，而是要指导幼儿在实践中学习自主解决与他人的矛盾冲突。

⚙ 🔍 **案例 8-2**

　　雨墨和达达在游戏时发生了争执。雨墨把达达的沙堡踢坏了，达达往雨墨身上扔了一把沙子，雨墨踢了达达一脚。

　　这时，在一边玩耍的浩然冲过来挡在两人中间："有话好好说，不能动手！"

　　达达大声说："他把我的沙堡踢坏了。"

　　"他用沙子扔我！"雨墨也大声"投诉"。

　　"他也踢我了！"达达说。

　　"那么，你俩是谁先动的手？"浩然问。

　　"他先动的手，他先往我身上扔沙子，我才踢他的。"雨墨抢着说。

　　"可是，是他先把我的沙堡踢坏的。"

　　"啊，那你俩都有不对的地方。雨墨先把达达的沙堡踢坏了，达达不该动手打人。"浩然评判着，"老师说过，不管什么情况都不能动手打人，要讲道理。"

> 雨墨和达达都低下了头。
>
> "现在，你们说该怎么办呢？"浩然问两个小伙伴。
>
> "对不起，我不应该把你的沙堡弄坏。"雨墨小声地说。
>
> 见雨墨道歉了，达达很不好意思地说："我也不对，是我先动的手，对不起！"
>
> "这才是好朋友呀！咱们三个一起玩吧。"浩然对两个小伙伴说。
>
> 3个人一起开心地堆起了沙堡。

　　这个案例中的3名幼儿均为大班幼儿，雨墨和达达在游戏中发生矛盾冲突，并产生攻击性行为，浩然赶紧过来将两人分开，防止他们继续互相攻击，问清矛盾冲突产生的原因，评判两人的对错（谁先引发的矛盾冲突、谁先动的手），并用启发提问的方式促使雨墨和达达解决矛盾冲突。浩然在整个过程中表现得非常"成熟老练"，迅速地阻止了同伴的互相攻击，并让他们重归于好；而雨墨和达达能够在浩然的干预下很快为自己的不当行为道歉，说明他们已经具有明确的是非观，初步懂得一些交往中的行为规则。本案例充分体现了幼儿在一次次的矛盾冲突中，逐渐理解社会行为规范，习得矛盾冲突的解决模式，更体现了成人科学指导幼儿解决矛盾冲突的重要性。

三、幼儿发生矛盾冲突的影响因素

1. 幼儿以自我为中心的认知特点

　　皮亚杰认为，幼儿的主要心理特点之一是以自我为中心，其考虑任何事情都是从自己的角度出发，想象每一件事情都与自己的活动相联系。他们总是从一个角度来观察事物，不会考虑别人的意见。因此，幼儿在争抢玩具和其他资源时，只考虑自己对玩具的需求，而不会考虑对方也有玩玩具的意愿以及得不到玩具时也会失落。

2. 道德认知水平有限

　　幼儿处于道德他律阶段，产生的行为主要受外部成人规定的标准控制。当同伴的行为与成人的规定不符时，往往会引发他们之间的冲突。另外，幼儿判断人或事物的好坏以结果为准，不注重过程和对方的动机，因而会造成误解和不必要的冲突。

3. 语言能力与社交经验不足

　　受语言发展水平的限制，幼儿往往不能清楚地表达自己的想法，容易使对方误解而引发冲突。同时，幼儿由于缺乏社交经验与技巧，在遇到和自己意见不同或不能满足自己要求的同伴时，往往会互相争执，互不相让。

4. 家庭的影响

　　家长错误的教养态度与方式（如过度保护、溺爱、粗暴、冷漠）会对幼儿的人际交往产生不良影响，还有些家长没有为幼儿创造发展社交能力的环境，也不对其交往和交往冲突做出积极的关心和指导，使幼儿缺乏与同伴交往的机会与经验。

5. 不良媒体的影响

　　某些不良媒体会对幼儿产生不良的影响，如对暴力攻击行为的不当报道，幼儿判断是非的能力差，又喜欢模仿，这也是造成幼儿发生矛盾冲突的一个原因。

四、培养幼儿解决矛盾冲突的能力的策略

1. 提升幼儿的社会认知能力

教师可以有意识地设计一些教育活动，模拟现实中经常发生的一些冲突情境，让幼儿观看并进行讨论，让幼儿想一想他们为什么会产生冲突、如何解决等。教师也可以利用现实中正在发生的冲突进行随机教育，同时利用绘本、角色游戏等培养幼儿的移情能力，使幼儿能够体验感受和理解他人的需求与情绪，促使幼儿"去自我中心化"，让幼儿逐步在交往中学会理解社会规则、顾及他人的感受。

2. 培养幼儿的语言能力

幼儿时期是语言发展的关键期，幼儿能够用语言清楚地表达自己的意愿和想法，才能更好地与同伴进行交流和玩耍，降低冲突的发生频率。同时，教师引导幼儿用语言的方式来解决矛盾冲突，从而获得交往经验、掌握交往技巧。教师可以做出示范，或者用游戏、绘本等来帮助幼儿增强语言能力。

3. 增强幼儿的人际交往技巧

教师在教育教学活动中要有意识地教给幼儿一些人际交往的技巧，帮助幼儿避免和解决冲突。例如，教幼儿如何倾听他人说话，如何向他人道谢和道歉，如何向他人提出要求，如何表达自己的愿望，以及如何展开话题进行交际，等等。这些人际交往技巧可以降低幼儿之间发生冲突的概率，即使发生了冲突，幼儿也能利用所学技巧尝试自己解决。

4. 给幼儿自己解决矛盾的机会

教师不能参与解决所有的冲突，否则会增强幼儿的依赖性，削弱或剥夺他们的独立性。教师要敢于放手并鼓励幼儿自己想办法解决冲突，以培养幼儿独立解决冲突的能力及责任感。教师还应该给幼儿留有一定的空间，让幼儿探索解决冲突的方法，这对培养幼儿的独立性和自信心都非常有帮助。当幼儿出现畏难情绪时，教师可提供策略支持和情感支持。

5. 注意介入的时机

当幼儿的矛盾不可调和或者幼儿有严重的攻击性行为时，教师应当果断介入，以免引起不良后果。教师的介入和指导不应以平息矛盾为唯一目的，还要通过指导让幼儿学习遵守规则和解决矛盾的方法。

6. 提高幼儿的规则意识

教师要让幼儿充分理解规则，逐步认识遵守规则的意义，并且体会在活动中人人遵守规则的好处和乐趣，使幼儿愿意遵守规则、能够遵守规则。

7. 家园配合

家庭的氛围、家长的态度和家长的社交能力等潜在的环境因素对幼儿的社会性发展具有一定的影响，家长应注重发挥环境潜移默化的作用，使幼儿能愉快地和同伴交往，并形成良好的同伴关系。

8. 谨慎选择媒体内容

目前，幼儿动画片和游戏良莠不齐，导致幼儿可能过早地接触暴力打斗等场景。幼儿由于年龄小、好奇心强、判断力差，很容易对暴力攻击行为进行模仿，这也是幼儿在交往

中产生冲突的原因之一。家长和教师应谨慎为幼儿选择媒体内容。

9. 转变观念

很多家长和教师认为冲突是一种消极行为，有破坏性因素，因此刻意避免幼儿间发生冲突（如有的家长怕幼儿间发生争执而让幼儿自己玩，教师怕幼儿们争抢玩具而尽量多投放玩具）。实际上，冲突这一外在行为恰恰是幼儿内在心理活动的表现，是他们的性格特征和大脑判断、选择、决策能力的反映。解决冲突是克服自我中心的关键方法，能帮助幼儿逐渐形成采纳同伴观点的能力，为幼儿打造好的人际关系奠定基础。在解决冲突的过程中，幼儿应该逐步培养心理承受能力和协调能力，学会克制、冷静地待人处世。家长和教师应该正确看待幼儿交往中矛盾冲突行为的教育价值，为幼儿提供解决矛盾冲突的机会。

第二节　幼儿交往中分享行为观察分析与指导

分享是幼儿常见的亲社会行为，是幼儿非常重要的社交技能，乐于分享的幼儿往往宽容、谦让、合群，人际关系融洽。但是幼儿在发展过程中还存在自我中心倾向，一些独生子女通常独自拥有玩具、食物、衣服甚至成人的爱，这就造成了很多幼儿不会分享。

一、幼儿分享行为案例分析

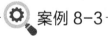

案例 8-3

中班美术课上，麦子突然哭起来，老师走过去问情况。

"老师，麦子是个小气鬼。她不让我用新彩笔！"同桌的骏骏大声说，"老师说过，小朋友要学会分享！"麦子哭得更厉害了。

原来麦子今天从家里拿来一盒新彩笔，是她过生日时小姨送给她的。画画时，骏骏向麦子借红色彩笔，麦子给了他旧彩笔，但是骏骏坚持要用新彩笔，麦子不肯，于是引发矛盾。

"老师，我借给他彩笔了。"麦子抽泣着说，"他自己的彩笔总是不扣好盖子，都不能用了，每次他都借我的，还会把我的彩笔笔尖弄坏。这个新彩笔我不想借给他。"麦子委屈极了，又大哭起来。

"你说麦子小气，麦子以前不是经常借给你彩笔吗？而且这次她也借给你了。"老师对骏骏说。

"她不分享她的新彩笔就是小气！"骏骏"理直气壮"地反驳。

"麦子今天不想分享她的新彩笔，彩笔是麦子的，她有权利这么做。"老师说。

"骏骏，你在画画的时候给麦子分享过彩笔吗？"老师问。

"没有。"骏骏小声回答，但还是很不服气。

"老师让小朋友学会分享，是要小朋友自己愿意分享，目的是让小朋友感受互相帮助的快乐。"老师对全班小朋友说，"你们想一想，麦子为什么不愿意让骏骏用她的新彩笔呀？"

"老师，我知道，麦子的彩笔是新的，所以她不愿意。"

"因为骏骏总是弄坏东西。"

"因为骏骏总是用别人的东西。"

"骏骏拿了我的绘本不还。"

听到其他小朋友的话，骏骏低下了头。老师摸了摸他的头，继续问全班小朋友："那大家再想一想，骏骏要让别人跟他分享东西，他应该怎么做呢？"

"也拿也给！"

"得有借有还。"

"不能弄坏。"

老师蹲下身对骏骏说："骏骏，现在你还觉得麦子做得不对吗？"

他轻轻摇了摇头，转身对麦子说："麦子，对不起。明天我把我的新绘本拿来给你看。"

麦子点了点头，美术课继续进行。

这个案例中，骏骏虽然知道小朋友间要分享，但是显然他对分享的理解并不准确，所以他会弄坏别人借给他的东西或者不肯归还，还会理直气壮地要求别人分享东西给他，遭到拒绝后还会对别的小朋友进行言语攻击。教师通过提问的方式，让骏骏明白分享是相互的，而且要在对方自愿的情况下，同时拿到别人分享的东西要爱护，帮助骏骏真正理解什么是分享和分享的一些规则。

二、幼儿不愿分享的原因分析

1. 心理发展水平影响

幼儿物权意识的敏感期一般会出现在 2~3 岁，幼儿在这一时期的自我意识已经有了很大的发展，"我"的意识逐渐清晰，他们开始将自己和他人区分开，并逐渐将这种区分延伸到物品，表现为对自己物品的"保护"和独占。

2. 家庭结构影响

有的家庭为三口之家或"四二一"家庭，幼儿通常独自拥有玩具、食物、空间甚至成人的爱，往往缺少兄弟姐妹之间互让互爱的经验。

3. 家庭教育失当

有的家长提出要分享幼儿的物品，如果幼儿不答应，家长就佯装争抢，幼儿会很害怕，以致更不愿意与人分享。有时幼儿愿意分享，如分享食物，家长却只是假装吃一口，不会真的接受幼儿分享的食物。家长矛盾的言行让幼儿迷惑不解，当他人真正分享幼儿的物品时，幼儿就会无法接受。

4. 分享技能不足

由于缺乏分享经验，幼儿不知具体如何分享，如幼儿会担心将玩具分享给他人，当自己想要玩的时候得不到；或者只有一个玩具，大家都想玩，幼儿就会不知所措。

三、培养幼儿分享行为的策略

1. 培养分享观念

教师可以采用游戏中的角色扮演法、艺术陶冶法、故事教育法、一日生活教育法等方法，培养幼儿的分享观念。

2. 树立榜样

引导幼儿学会分享的最好方式之一就是为幼儿树立榜样。教师可以在与幼儿一起玩耍时，先将玩具借给他玩，再向他借其他玩具。家长也可以尝试和幼儿分享自己的零食、水果，让幼儿戴妈妈的丝巾、穿爸爸的鞋子，也要让幼儿拿自己的物品进行分享，如一起玩他的玩具。让幼儿在"给"和"拿"的实践过程中学会和家人分享，进而学会与其他小伙伴分享自己的食品、玩具等。

3. 循序渐进

最初引导幼儿学习分享时，家长和教师要选择合适的分享物品，如果要求分享幼儿的至爱，是很困难的事情。家长和教师在引导幼儿分享时要选择他们比较容易接受的分享物品，如零食、积木、蜡笔、图书等。

4. 体会结果

分享和合作等亲社会行为会使幼儿拥有良好的人际关系，在游戏中也更受其他幼儿的欢迎。引导幼儿学会关注同伴出现的良好行为和良好的人际关系，让幼儿体会分享合作带来的愉悦感，使他们乐于分享与合作。对于不愿分享合作的幼儿，教师可以让他们适当体验一下独占和不合作带来的后果，如缺少玩伴或不能完成游戏，让幼儿在比较中学会自我调整。

5. 强化分享行为

幼儿的分享行为通过及时强化会得到有效巩固。当幼儿出现分享行为时，教师和家长要及时给予强化，表扬和称赞幼儿："你真棒！""你是个好孩子。"这样当他们在与其他小伙伴分享的时候，他就会认为自己这样做很棒，从而持久表现出类似行为。

6. 建立分享规则

教师帮助幼儿建立一定的分享规则，有助于幼儿分享行为持续进行。

（1）互相分享。

让幼儿互相分享物品而不是单向分享，这样才能让幼儿体会到互相分享的好处和乐趣，有助于强化其分享行为。

（2）轮流分享。

教会幼儿将分享物轮换使用，可以帮助幼儿解决一些分享中出现的问题，使幼儿在玩具等物品数量少的情况下也能顺利实现分享，还可以为幼儿将来成为守秩序的公民打下良好的基础。

（3）好借好还。

引导幼儿借了他人的物品要细心爱护，并且要及时归还。

（4）先给后拿。

教给幼儿可以将自己带来的玩具先让他人玩，再去借他人的玩具玩的技巧。

7. 创造分享机会

教师要时刻注意生活中可以引导幼儿产生分享行为的事件，还可以开展一些实践活动，如"玩具分享日""食物分享日"等，让幼儿在活动中体验分享的乐趣。

8. 纠正错误言行

教师和家长要纠正自己可能会引起幼儿错误分享观念的言行。例如，家长在幼儿分享食物的时候不能假装吃，而是要做到实际分享。

9. 不强迫分享

幼儿不肯分享既有发展水平的原因，也有其他原因。当幼儿不愿分享自己的东西时，教师要尊重幼儿的意愿，不能强迫幼儿与他人分享，更不能对幼儿进行道德绑架，给幼儿贴上"小气"或"自私"的标签。

第三节　幼儿规则意识观察分析与指导

人们在社会生活中必须面对和遵守很多规则，规则的存在保证了社会正常的生活、学习、工作顺利进行，也是现代文明的重要组成部分。3～6岁是幼儿培养规则意识的关键时期，规则意识的建立有助于幼儿社会性的发展和良好品质的形成，使幼儿能够更好地适应集体生活。《纲要》指出"在共同的生活和活动中，以多种方式引导幼儿认识、体验并理解基本的社会行为规则，学习自律和尊重他人"。本节将通过分析以下案例，讲解如何帮助幼儿建立规则意识。

一、幼儿规则意识案例分析

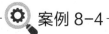

案例8-4

　　在建构区中，浩然发现一个用各种积木组合搭好的新房子玩具，想将它拆掉，在一旁的子轩发现了他的举动，就说："你不能这样做，房子是苗苗搭的，我认为你应该得到他的同意。"老师也注意到两人的谈话，于是以"作品应该放几天"为议题，邀请幼儿展开讨论。老师问孩子们（老师提出问题）："这是苗苗搭好的房子，这样的作品你们觉得放几天可以拆掉？"孩子们开始各抒己见（孩子们讨论、制定规则），有的提议："放3天，因为这样可以对自己的作品进行修改，让别人记住你的作品。"有的建议："放1天，因为别的小朋友也想玩这样的玩具。"最后，老师请大家说出各自的理由，用举手表决的方法，通过了将作品放3天的意见，而那些原先不同意的小朋友也开始改变了自己的主意，服从大家的意见。

幼儿园建构区中，幼儿作品的展示与拆卸是幼儿矛盾的焦点，建构作品是幼儿创造性成果的体现，陈列建构作品可以使幼儿获得成就感，但陈列久了不利于新作品的展示与更换。本案例中，教师以"作品应该放几天"的话题引导幼儿展开讨论，充分尊重每个幼儿的意见，引导幼儿进行交流，相互讨论自己是怎么想的，现在心理感受如何，并在最后进行肯定、归纳，把权力交给幼儿，通过幼儿举手表决，制定出作品可以放 3 天的规则，既解决了矛盾，又给予幼儿充分表达自己的机会，达到了双赢的目的。本案例在"看看、想想、讲讲、做做"的活动中渗透规则意识的培养，通过讨论某一事件，如"为什么不好""该怎么做才行"，引导全体幼儿参与规则的制定，最后结合制定好的规则，通过实践活动来解决问题。

幼儿生活在集体中，为了保证幼儿的生活、学习、游戏能有序、安全地进行，有许多需要遵守的规则，而幼儿执行和遵守日常规则的第一阶段是单纯的个人运动规则阶段，幼儿此时按个人的意愿和行为行事。让幼儿通过讨论，自己制定各项活动的规则是非常重要的事。在出现问题后，教师引导幼儿讨论，选择解决的方法，从而制定新的规则，并用文字或符号语言将其记录下来，贴在活动室相应的位置。例如，对于玩具摆放的规则，教师把它交给幼儿自己讨论建立，只有在他们参与下建立的规则，才能真正被其接受。幼儿在一种有限制但又相对自由、有序的环境里，才能得到快乐和满足。

🔍 案例 8-5

又到了小班幼儿离园的时间了，李老师像平时一样站在教室门口，边送孩子边与家长交谈。突然教室里传来一阵哭闹声。只见王明洋抱着一本图画书一屁股坐在地上，就是不肯跟奶奶回家。站在一旁的璐璐也急得不行，原来书是璐璐的，可王明洋坚持要带回家。

"图画书是我带来跟小朋友在幼儿园一起看的。"璐璐说道。"这书是其他小朋友的，快还给别人，你走不走，不走我走了。"听见奶奶这么说，王明洋闹得更大声了："我就要，我就要。"奶奶劝说着，可是他一点也不合作。最后奶奶只好半拉半拖着他走，很是辛苦。在楼梯的拐角处，奶奶实在招架不住了："好好好，等下给你买一本。"王明洋立刻停止了哭声。"不能这样，您不能给他买，您不能总依着他。"李老师走上前跟奶奶说，奶奶点点头。

"那是璐璐放在班上让大家一起看的，你明天再来看好吗？你看如果小朋友把大家的玩具都带回家，那我们班还有玩具吗？""没有了，小朋友就没法玩了。"王明洋小声答道。李老师继续耐心地对王明洋说道："对呀，同样我们把图画书带回家，别的小朋友就没法看了，对吗？这些都是小朋友共享的物品，是不允许带回家的，这是咱们的规则，如果明洋遵守我们的约定，老师明天就奖励你一朵小红花，好吗？"终于，王明洋愉快地答应了。

本案例中王明洋的行为在幼儿成长过程中是司空见惯的现象，但是家长可以因为不想让幼儿哭闹就和幼儿妥协吗？答案当然是否定的。买一本书的确是小事，可是隐含在其中的规则不容忽视。小班的幼儿年龄较小，很容易以自我为中心，具有独占思维。为了培养幼儿的共享意识，体验分享的快乐，教师请幼儿将家里的好玩的、好吃的、好看的都带到幼儿园来与同伴分享，这个共享游戏的规则是不能将小朋友带来共享的物品带回家，而王明洋显然没有遵守这个游戏的规则。现在许多家长注重孩子的自由发展，忽视规则意识的培养，奶奶先是威胁，"不走我走了"，而后又妥协，"等下给你买一本"，很容易让幼儿产生哭闹可以满足自己愿望的认知，进而助长幼儿强势的个性。本案例中，李老师及时制止了奶奶的妥协行为，然后对王明洋进行耐心疏导，让其明白规则的重要性，并在王明洋履行规则行为后，给予小红花奖励，有利于其规则意识的建立。

规则意识的培养不是一朝一夕的事，也没有统一的标准，但只要教师和家长充分了解幼儿的年龄特点和心理需求，在原则性、必要性、具有可持续发展性的层面上制定适合幼儿能力和兴趣特点的规则，并且坚持不懈地加以强化，就能避免对幼儿过多的约束和不适宜的放纵，使幼儿在遵守规则的前提下获得充分自由的发展，从而达到个性自由与高度社会化的和谐统一，形成健康的人格，这也是幼儿获得幸福的前提。

二、培养幼儿规则意识的策略

1. 要让幼儿体会规则的重要性

受认知水平和生活经验的局限，幼儿常常不能真正地理解规则给自己及他人带来的好处，无法体会规则的重要性。而幼儿的规则意识会在游戏、生活中得到发展。因此，我们要在生活、游戏中让幼儿感受到因无序混乱而引起的不便，感受有序活动带来的快乐，在反复的体验中让幼儿学会做出正确的选择，从而意识到规则的重要性，促进幼儿规则意识的逐步内化。

2. 要让幼儿成为规则的制定者

不要让规则成为教师约束幼儿的条条框框，教师应该充分尊重幼儿、相信幼儿，让幼儿参与班级规章、活动规则的制定。这样，幼儿的积极性才能得到充分调动，其遵守规则的自觉性、主动性也会增强。

3. 要积极发展幼儿的自控力

幼儿都是天真、活泼、好动的，他们并不是有意地不遵守规则，而是由于年龄小、自我控制力相对较差。自控力是个体自我意识发展到一定程度所具有的能力，积极发展幼儿的自控力对幼儿规则意识的培养具有促进作用。

（1）通过游戏活动来发展幼儿的自控力。

通过教师精心设计的游戏，幼儿学会等待、轮流、合作、自律等社会技能。游戏训练能发展幼儿的自控力，它并不是消极地抑制幼儿的行为，而是让幼儿主动地调控自我，使自身行为更符合社会规范要求，更能融入集体和社会生活中。

（2）教师的提醒与鼓励可以促进幼儿自控力发展。

教师在开展某一项活动时，在活动前要把活动要求、注意事项等再次温馨提醒，幼儿有意识的控制行为会增多。在活动中，如幼儿有违反规则的倾向，教师要善意地提醒幼儿应该怎么做，鼓励幼儿，相信他们一定能按规定完成。这样，幼儿在宽松的良性环境下，自控力也会随之增强，从而有意识地要求自己按章行事。

4. 要取得家长的积极配合

要想帮助幼儿建立规则意识，教师首先应该做好家长的工作，赢得家长的配合，双方共同努力，才会取得良好的效果。

（1）教育观念要正确。

有些家长对一些教育观念片面理解，认为幼儿应该无拘无束、自由自在，因此对幼儿毫无要求，造成幼儿从小缺乏规则意识。要想帮助幼儿建立规则意识，家长应该积极配合，从小教育幼儿遵守社会生活的一些基本规章制度。

（2）要以身作则，树榜样，做示范。

有的家长教育幼儿要早起，不要迟到，而自己上班却经常迟到；有的家长教育幼儿要遵守交通规则，而自己却总是不遵守交通规则；有的家长教育幼儿要守秩序，学会等待，尊重他人，而自己却在排队时插队。这种言行不一的教育又怎会有说服力呢？家长应该严格要求自己，遵守社会生活中的规则，为幼儿树立良好的榜样，让幼儿在一个和谐、平等的环境中自主地遵守社会生活规则。

（3）亲子共同制定生活常规并遵守。

和幼儿一起制定生活常规、作息制度，有助于幼儿从小建立规则意识，养成遵守规则的习惯。家长对幼儿的常规培养要有持久性，不能时有时无，以尊重为原则，正确引导，让幼儿从小做一个遵守规则的好孩子。

第四节　幼儿责任心行为观察分析与指导

责任心是社会合作精神的基本体现，也是个人健全人格的基本要素，它关系到幼儿成年后是否能够立足社会、获得事业成功与家庭幸福。幼儿的责任心并不是与生俱来的，需要教师和家长有意识地培养。

一、幼儿责任心行为观察要点

（1）幼儿玩完玩具之后能否将玩具收拾归位。

（2）幼儿能否管理自己的图书，不乱丢乱放。

（3）幼儿是否会乱扔垃圾。

（4）幼儿吃饭时掉了饭菜是否会捡起并擦拭桌面或地面。

（5）幼儿饭后是否会帮忙收拾。

（6）幼儿吃完零食是怎样处理包装的（直接扔掉，放到垃圾桶或者指定位置，一直拿着，或给家长）。

（7）幼儿用完马桶后是否会冲水。

（8）幼儿刷牙时是否能够挤牙膏，并将牙膏盖子盖上。

（9）幼儿用过毛巾、水杯等物品是否会将其放回原位。

（10）幼儿在玩耍时损坏了物品，会怎样做（承担责任、推卸给他人或掩饰）。

（11）幼儿外出或离园时能否收拾好自己的随身物品。

二、幼儿责任心行为案例分析

──────── 案例 8-6 ────────

　　小威是一名 5 岁的小男孩，老师观察到他有以下行为。

　　洗手时会把水龙头开得很大，水溅得到处都是；用完肥皂以后，有时会将其扔在洗手池里；水龙头有时关不严。

　　用完毛巾后有时不挂回原位，有时会把毛巾扔到放水杯的架子上；有时会将自己的毛巾挂到别的小朋友的挂钩上；挂毛巾时将其他小朋友的毛巾碰到地上后，不知道捡起来。

　　用完玩具后不知道收拾归位，老师提醒他收拾玩具，他会把玩具不加整理地全部扔进盒子。

　　家长来接时，其他小朋友会将外套穿好、把自己的小书包背上；小威则是全部扔给家长，让家长帮他穿外套、背书包。

　　根据老师的观察，小威在幼儿园里自理能力是没有问题的，可以很好地进餐、穿脱衣服鞋袜，大动作和精细动作也发展得非常好，但是在主动性方面有所欠缺。

　　经过老师多次提醒，小威的情况稍微有点改善，但进步不大。老师与家长沟通，发现小威的爷爷奶奶对其比较溺爱，凡事百依百顺，穿脱衣服等事事代劳，妈妈有时让小威自己做事，爷爷奶奶总是以"孩子还小，长大以后自然就会了"或者"早晨时间紧，让孩子多睡会儿"等理由替小威做。

　　我们经常会见到幼儿玩完玩具后不收拾、看完书后到处乱放、掉了饭菜不擦拭干净、乱丢垃圾等情况，这反映出幼儿对自己的行为没有养成自我负责的意识，这就是缺乏责任心的表现。这和家长不当的教育方式有非常大的关系，如果家长不能从小培养幼儿的责任心，他们长大后也不会突然产生责任心，而责任心缺失对幼儿以后学业、事业和家庭的影响非常大。对此教师给出如下指导意见。

　　（1）与家长应做好沟通，做到态度一致，耐心跟小威的爷爷奶奶讲明培养幼儿责任心的重要性，取得理解和支持，学会放手让小威自己的事情自己做。

　　（2）适当分配给小威一些力所能及的家务，如收拾碗筷、倒垃圾等，刚开始幼儿肯定会抗拒，家长要耐心引导，持之以恒，当小威有进步时要及时提出表扬和肯定。

　　（3）教师和家长要引导小威建立自我服务意识。例如，具体教他怎样整理积木，先将大块的方形积木放进盒子，再将小块的和三角形的积木进行拼接，就可以将积木整理好。

　　（4）给小威提供做值日生的机会，让他帮助教师检查小朋友洗手的情况，如水龙头是否开得过大、肥皂是否放好、毛巾是否挂好等，进一步增强其责任心。

　　两个月后，小威有了很大的改变，在幼儿园的日常生活中能够按照要求将玩具、物品归位，洗手时水龙头会开到合适的大小不会让水飞溅，用完肥皂会放好，水龙头也会关好，擦手的毛巾也不再乱扔了；看到其他小朋友做得不好的时候还会提醒、帮助。在家里，他也能很好地完成穿衣、吃饭、收拾玩具和物品等任务。

三、培养幼儿责任心的策略

责任心不是与生俱来的，它需要幼儿在生活中不断经历和体会不同的情境才能慢慢获得。责任心的培养不像教幼儿数数、背儿歌那样立竿见影，教师和家长要密切配合、保持一致意见，抓住一切教育机会，在日常生活的各个环节进行渗透，让幼儿在活动中对自己的行为形成责任心，锻炼他们承担责任的能力，为他们今后的人际交往及社会性发展打下良好的基础。

1. 自我服务

教师和家长可以交给幼儿一些力所能及的事情，如饭前摆放餐具、饭后帮助收拾桌面、整理自己的玩具和图书等。如果幼儿遇到困难，可以给予一定指导，让幼儿在自我服务中增强责任心。

2. 言传身教

责任心和其他道德准则一样，教师和家长不可能直接传授给幼儿，只能让他们从经历中获得。幼儿会在生活的各种环境中对自己喜欢的人进行模仿，从而塑造自己的品质。要培养幼儿的责任心，教师和家长要时时注意自己的言行，成为具有良好责任心的典范。

3. 创造机会

教师和家长可以为幼儿创造锻炼责任心的机会，如让幼儿当"值日生""小班长"，管理班级和家庭中的花草或宠物。

4. 有始有终

幼儿好奇心强，什么都想尝试，但是随意性也很强，做事总是虎头蛇尾或有头无尾。教师和家长要对幼儿做的事给予一定的监督和指导，鼓励他们做事要有始有终、持之以恒，帮他们养成认真负责的良好习惯。

5. 勇于承担

当幼儿不小心做错事时，教师和家长处理时要讲究方式和方法，不要过度惩罚，避免幼儿因害怕惩罚而逃避责任。例如，幼儿把图书弄破了，教师和家长要教育他爱护图书，教他怎样才能保护图书，还可以指导幼儿将损坏的图书修补好，用宽松的气氛和可操作的行为指导来鼓励幼儿犯了错误勇于承担责任。

6. 信守承诺

有的家长在幼儿哭闹时喜欢对幼儿许诺，过后又不实现诺言，这是非常不科学的。用"贿赂"的办法达到息事宁人的目的是不可取的，许诺后不予兑现，又给幼儿提供了不负责任的模仿对象。因此，教师和家长不要轻许诺言，一旦许诺，就必须遵守，引导幼儿对自己的言行负责。

7. 关爱他人

引导幼儿主动关爱长辈、病人和比自己小的幼儿。例如，父母生病的时候，让幼儿学会照顾父母；让幼儿知道亲人的生日，鼓励幼儿给亲人送上一份生日礼物。对他人的关心和爱护是培养幼儿社会责任心的基础。

8. 持之以恒

社会领域的教育具有潜移默化的特点，幼儿的责任心培养不会立竿见影，进步会比较缓慢，有时还会出现倒退的现象，这就要求教师和家长持之以恒，坚持通过日常生活的点滴小事影响他们，使幼儿形成较强的责任心。

第五节　幼儿告状行为的观察分析与指导

幼儿与同伴交往过程中，也经常出现幼儿向教师告状的现象，如"老师，某某把饭菜倒掉了""某某小朋友打我""某某把线画在方框外面"等。幼儿告状行为一方面是幼儿规则意识的体现，另一方面会对幼儿自身发展和幼儿教师的保教活动产生一定影响。本节结合案例，集中介绍幼儿常见告状行为的动机类型，在此基础上，针对幼儿不同的告状动机提出相应的指导策略。

一、幼儿告状行为概况

幼儿告状行为是由幼儿发起的师幼互动行为中发生频次较多的一种行为，是幼儿比较典型的一种社会行为，同时也是幼儿社会化程度相对较低的表现。幼儿告状行为是指幼儿在其认为受到同伴的侵害或者发现同伴的某种行为与幼儿园的集体规则、教师的某项要求不符合时，向教师发起的一种求助行为，目的是借助教师权威力量的影响、约束、改变、阻止同伴的行为。教师作为幼儿生活中的重要指导者，对幼儿告状行为的处理会影响幼儿之间以及幼儿与教师之间的关系，并且会对幼儿的性格和品质的形成产生影响。因此，教师要通过观察和分析幼儿告状行为的原因和性质，有针对性地处理告状行为，以促进幼儿健全人格的形成。

二、幼儿告状行为案例及动机分析

幼儿告状行为产生的原因特别复杂，表现形式多样，类型及动机较多，具体如下。

1. 求助型

这是指幼儿发现同伴侵犯自己的利益或同伴的行为与自己的意愿发生冲突，但以自己的力量难以做成某件事情或实现某种意图时，为寻求同情和保护，借助教师的力量解决问题而产生的告状行为。

案例8-7

下午孩子们正在阅读室里进行阅读活动，有的三三两两地坐在一起同看一本书，有的自己选了一本书独自坐在角落里津津有味地看。这时，亮亮突然很气愤地过来告状："老师，《小红帽》是我先找出来的，杰杰不让我看。"杰杰也不甘示弱："书是我先拿到的！"两个人在老师面前争论不休，谁也不肯相让。老师先安抚了他们的情绪，接着转过来对杰杰说："上次你想看《西游记》时，小朋友不给你看，你心里感觉怎么样啊？"杰杰想了想说："很不高兴。"老师趁机说："那你不让亮亮看书，他也一样会很难过的。你们两个想想办法，看看怎样才能让两个人都开开心心地看书。"

亮亮和杰杰听了，商量了一下，决定两个人一起看书，于是他俩就手拉手高高兴兴地坐到小椅子上看书了。

行为动机分析：亮亮是为了让教师公正解决纠纷，请求保护而产生的告状行为。在活动中，教师通过引导杰杰反省、换位思考，给幼儿创设一些自己解决问题的机会，启发幼儿寻找解决问题的办法。

2. 试探型

这是指幼儿不明确教师的要求或意图，不确定同伴的行为是否违背教师的要求或意图而产生的告状行为。其目的是想试探教师对该行为的态度，如果教师对此持肯定态度，那么告状的幼儿就会立刻做出类似的行为。

⚙ **案例 8-8**

午睡起床后，陈老师正忙着帮小朋友穿衣、梳头。这时，楠楠跑过来说："老师，霖霖在盥洗室玩水。"当时，陈老师很随便地说了声："喔，老师知道了。"就继续给小朋友梳头，并没有去制止霖霖玩水。等陈老师整理完，走进盥洗室一看，楠楠和霖霖两个人都在玩水，并且玩得很开心。

行为动机分析：楠楠的这种告状行为，其实是试探型告状行为，即"霖霖在盥洗室玩水"，教师是支持这种行为，还是反对这种行为？她想从教师这里探个究竟。"霖霖在盥洗室玩水"的第二层含义是"我没有玩水"，教师若对她的行为表示肯定或给予表扬，幼儿会得到满足感，并能领会成人的评价标准，然后就会用这种标准来衡量和要求自己。所以当楠楠发现老师"毫无反应"之后，也跟着去玩水了。遇到这样的告状行为，教师要及时肯定幼儿的积极方面，以强化幼儿的积极行为，从而培养幼儿的正确判断力和克制力，同时也通过榜样的作用，让良好行为得到发扬，不良行为得到遏止。

3. 陈述型

幼儿对规则有一种刻板的认识，教师的话对幼儿来说就是"圣旨"，是不容更改和置疑的。因此，一旦同伴间出现"违规"行为，他们经常向教师告状，目的是明辨是非和说明情况。

⚙ **案例 8-9**

绘画活动中，张老师教小朋友画大公鸡，随后张老师让小朋友自己画一画，并进行随机指导。当张老师走到还没开始画的倩倩身边，旁边的洋洋向他告状："老师，倩倩不自己画公鸡，还要我帮他画，他真是懒得很。"张老师微笑着点点头，没有说话。"老师，我不知道怎么画公鸡的头。"倩倩小声说道。"洋洋，我看你画的公鸡特别神气，能不能教一下倩倩呢？"张老师说道。"当然可以了。"洋洋愉快地回应，说着便有模有样地当起绘画小老师了。

行为动机分析：本案例中洋洋的行为属于陈述型告状行为，即幼儿处于某一种情境中，能根据教师的言语或行为对当时的情境进行判断，及时以告状的形式向教师陈述一种事实或对同伴的行为进行评价。其告状的目的不是想引起教师对自己的关注和赞赏，也不是让教师惩罚对方，而是希望教师能够明白对方的行为。此类告状行为不宜鼓励，更不能当着"告状"幼儿的面批评另一个幼儿，要防止幼儿心理畸形发展。有时候，教师应及时纠正这种告状行为，使幼儿认识到自己的行为是不对的，幼儿之间要团结友爱、互相帮助。

4. 求赏型

这是指当看到其他幼儿的"违规"行为时，幼儿为了获得教师的好感、关注和认同而向教师告状，以此提高自己在教师心目中的地位。求赏心理是幼儿较为常见的一种心理，尤其是当同伴出现"违规"行为时，大多数幼儿一旦发现就会迫不及待地向教师告状，这往往是幼儿为了让教师关注自己的表现而产生的告状行为，表面看起来是在维护规则，是为了制止同伴的行为或者为了惩罚对方，实际上是为了向教师邀功，获得教师的赏识。

案例 8-10

午餐时，老师说："小朋友要有秩序地去洗手，要轻轻走，排好队，不玩水，谁表现好，老师就先给他盛虾！"接着教师忙着盛饭，幼儿则按小组有秩序地排队洗手。第一组的甜甜还没有洗完出来，第二组的小宝就急忙跑去盥洗室。刚洗完手回来的锐锐见状，大声向教师告状："老师，小宝没有听老师的话，他是这样跑着去盥洗室的！他不是像我这样慢慢地走进去的！"说着她做了个跑的动作，接着又慢慢地走了一圈，伸出自己的手让教师看："老师，你看我的手干净吗？"教师忙着盛饭，没有回答她，只是往她的碗里放了个虾。锐锐笑嘻嘻地端着碗回来，非常满意地坐在自己的位子上，还不时向别的小朋友炫耀："你看，老师给我虾了！"

行为动机分析：很显然，本案例中锐锐是为了求赏而告状的，属于求赏型告状行为。当然在告状的同时，她也没有忘记让教师赞赏自己，又是用语言描述，又是进行生动形象的动作模仿，还怕教师看不到自己的"优势"，伸出干净的手让教师看。直到教师把虾放到碗里，她才满意地回到自己位子上，还不忘向同伴炫耀："你看，老师给我虾了！"这表面上看起来她是在维护规则，其实是求赏心理使然。

5. 求罚型

当幼儿看到其他幼儿在某些方面比自己优秀，自己却无法拥有或超过时，会产生不安、烦恼、痛苦、嫉妒、怨恨等消极情绪，也会激发其告状行为，试图破坏其他幼儿的优秀状况。这种行为主要发生在同伴的行为与幼儿所认同的规则发生背离时，幼儿希望教师"主持公道"，借助教师的权威来惩罚对方，表现为一种以"批评对方"或"惩罚对方"为满足的心理状态。

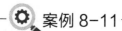

案例 8-11

下午的区域活动中，方方在美工区画画，他因为喜欢东张西望，画画速度比较慢。

而坐在其前面的明明早早就画好了，当他离开位置的时候，一不小心撞到了方方的手臂，方方马上质问明明："你为什么撞我？"明明连忙道歉说："对不起，我不是故意的。"方方不听，噘着嘴跑到前面来告诉老师："老师，明明推我的手，害得我画错了。"表现出一副很难过的样子。

行为动机分析：本案例中的方方的行为属于求罚型告状行为。首先，教师应当看到方方的告状行为有可取的一面。他懂得活动的规则，这说明他已经有了一定的判断能力，想通过告状来求得成人的帮助，从而矫正同伴的不好行为。从这个角度讲，这是幼儿处理问题能力的一种进步。但是，一些小事情都要告诉教师，会引起同伴的敌视，也会削弱独立处理同伴之间纠纷的能力。

6. 辩解型

这是指幼儿犯了错误以后，有时会将责任推卸给他人，如"是某某弄坏的""是某某让我撕的"等。

案例 8-12

区域活动中，小朋友们在美工区开心地画着"哈哈小人"，突然一阵哭声传来，子琪拿着自己的画哭了起来，旁边的周周和齐齐手足无措地看着。老师走上前询问，原来子琪的画被周周弄脏了，原本俏皮的"哈哈小人"的脸上被涂了几个大黑点。

老师责问周周，他辩解道："不是我要涂的，是齐齐让我涂的。"说着还指着齐齐问："齐齐，是你让我涂的，对吧？""是这样吗齐齐？"齐齐低下了头。

老师耐心地说："如果是自己的画被别人损坏了，你们心里会是什么感受呢？""不开心。"两个孩子小声答道。"老师知道你们或许是觉得好玩才这样做，但是我们要尊重别人，尊重别人的劳动成果。如果损坏了别人的东西要怎么做呢？""请求别人的原谅。"老师点了点头。事情到这里还没有结束，老师又把周周叫到一边："虽然是齐齐让你涂的，但是最终是你损坏了子琪的画，对吗？另外，做错了事情一定要勇于承认！老师相信你是一个敢于承认错误的好孩子，今天的小红花要先摘掉，明天好好表现再赢回来，好吗？"周周用力地点了点头。

行为动机分析：在这个案例里，幼儿因为做错事，为了逃避责任而去"告状"，属于辩解型告状行为。这类告状行为表现为幼儿在做错事情以后，寻找各种理由为自己辩解，试图推卸责任或者逃避惩罚。这时教师就要分清责任，给予正确的引导和教育，该惩罚的绝不姑息。同时要让本以为告了别人的状自己就没事的幼儿认识到：把责任推给别人是不对的。

三、幼儿告状行为的指导策略

幼儿告状行为有积极的--面，它反映了幼儿对行为规则的认识、掌握，以及道德判断、道德评价等能力的发展。教师是幼儿的启蒙者，如果对幼儿告状行为采取敷衍甚至忽视的态度，可能会导致一些有危害的情况得不到及时解决，更会混淆幼儿的是非观，挫伤幼儿的正义感。但教师若一味支持、鼓励幼儿告状行为，就会让幼儿独立处理事情的能力得不到发展，也会影响幼儿良好性格的形成。因此教师在处理幼儿告状行为时要谨慎，不要轻易表态，要清楚幼儿告状的动机和事情的前因后果，根据情况有针对性地妥善处理。

（1）幼儿因矛盾纠纷而产生告状行为时，教师必须先了解纠纷产生的原因。如果存在恃强凌弱的现象，要对强势的幼儿加以批评教育，对被欺负幼儿给予安慰和保护；如果只是幼儿之间的普通矛盾，要引导幼儿勇于表达自己，通过协商来解决问题，从而促进幼儿社会性的发展。

（2）对于试探型告状的幼儿，教师要仔细向幼儿讲明要求和规则，必要的时候还要讲明为什么要制定这样的规则。

（3）陈述型告状是为了明辨是非和说明情况，教师在指导的时候要掌握好分寸，对违反纪律的幼儿要适当批评教育，对告状的幼儿不宜表扬，否则很容易使其向求赏型或求罚型告状行为转换，可以对告状幼儿的行为不做评价。

（4）求赏型告状的幼儿是想通过告状行为获得教师的认可和关注，这是幼儿正常的心理需求，只是采取的方式不对。对待这样的幼儿，教师不宜表扬和当场表现出关注，否则会鼓励幼儿的告状行为，可以在其他活动中多关心、关注幼儿，满足幼儿的心理需求。

（5）对于求罚型告状行为不宜鼓励，更不能当面批评被告状的幼儿，否则会助长这种行为。教师可以对告状的幼儿说："他乱扔玩具不对，你想一想怎样才能帮助他。"以逐渐淡化幼儿的告状意识。

（6）对于辩解型告状的幼儿，教师一定要分清责任、批评教育，同时要让告状的幼儿认识到破坏纪律是不对的，把责任推给别人更是不对的。教师在幼儿犯了错误后的批评和惩罚要适度。

上述几种情况中，如果被告状的幼儿确实违反了纪律，教师可以采取个别谈话的方式对其进行批评教育，帮助其改正错误。

教师还可以在日常生活中组织各种形式的活动，培养幼儿判断是非、独立处事的能力和良好品质；同时还要教给幼儿一些解决矛盾、处理问题的策略，如学会使用礼貌用语，学会谦让，共同协商等，以逐渐淡化幼儿的告状意识，减少幼儿的告状行为。

课后练习

1. 简述幼儿交往中矛盾冲突、分享等行为的观察要点。
2. 如何引导幼儿遵守社会行为规则？
3. 简述培养幼儿责任心的策略。
4. 简述幼儿告状行为的常见类型及指导策略。
5. 观察幼儿的社会性行为，如矛盾冲突行为、分享行为、遵守规则行为，填写观察记录表。

实训任务

　　1. 请在抖音、微信视频号等短视频平台查找幼儿发生矛盾冲突的视频，并以小组为单位分析讨论矛盾冲突产生的原因及具体指导策略。

　　2. 如果你是案例 8-6 中小威的老师，请模拟与小威的爷爷奶奶沟通的过程。

　　3. 两人一组，请轮流扮演教师和告状的幼儿，针对不同告状行为进行分析与指导。

09

第九章
幼儿常见问题行为成因及对策

素质目标

1. 尊重具有问题行为的儿童。
2. 培养作为保教工作者的耐心与爱心。
3. 培育以科学严谨的态度和扎实学识来帮助幼儿的优秀素质。

知识目标

1. 理解幼儿攻击性行为、说谎行为、社交退缩行为的定义。
2. 掌握幼儿攻击性行为、说谎行为、社交退缩行为的成因及对策。

能力目标

1. 能观察、评价幼儿活动中的攻击性行为、说谎行为、社交退缩行为。
2. 能对幼儿攻击性行为、说谎行为、社交退缩行为展开分析并针对问题提出合理建议。

学海导航

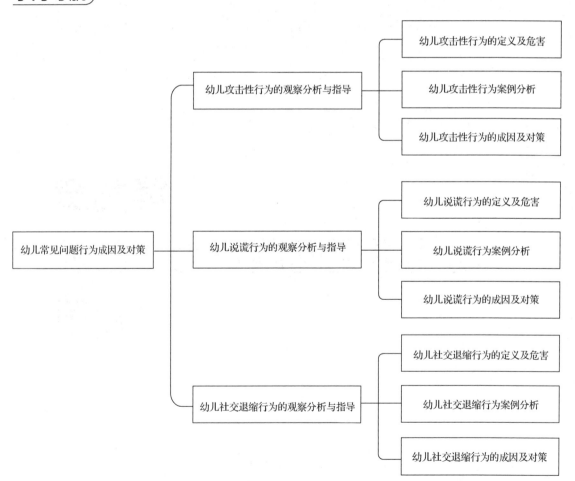

本章主要讲解幼儿常见问题行为的危害及行为表现，主要包括攻击性行为、说谎行为、社交退缩行为等。在分析具体案例的基础上，教师和家长要集中探讨幼儿问题行为的成因及对策，在实践过程中能够及时察觉幼儿的问题行为并及早采取干预和矫正措施。

第一节 幼儿攻击性行为的观察分析与指导

一、幼儿攻击性行为的定义及危害

攻击性行为是一种以伤害他人或事物，获取某种事物（座位、机会、权利等）为目的，并形成外部伤害的一种社会性行为。它可以是身体的侵犯、言语的攻击，也可以是权利的侵犯。

具有攻击性行为的幼儿通常都会因为难以与他人发展良好的关系，缺乏正常交往的活动经验，而影响其性格、能力、心理品质的正常发展，如不及早干预其攻击性行为，幼儿还可能成为品德不良的人，甚至走上犯罪的道路。幼儿攻击性行为是幼儿问题行为的严重表现之一，心理学家威尔斯的一项长达 14 年的追踪研究发现：70% 的暴力少年犯在 13 岁时就被确定为有攻击性行为，48% 的暴力少年犯在 9 岁时就被确定为有攻击性行为，而且幼儿攻击性行为越强，今后犯罪的可能性就越大。同时，攻击性行为还会影响其成年后的人际关系和家庭关系处理能力，造成工作、生活、家庭等方面的困难，因此及时发现幼儿攻击性行为的萌芽并加以矫正，对幼儿的身心发展起着非常重要的作用。

二、幼儿攻击性行为案例分析

幼儿园里的每个班级几乎都有几个"攻击性"的幼儿，他们的骂人、打人、咬人等攻击性行为使其难以与他人发展良好的关系。引发幼儿攻击性行为有多种因素，教师只有及时发现幼儿攻击性行为的影响因素并有针对性地加以矫正，才能切实促进幼儿身心健康发展。

案例 9-1

萍萍，女，5 岁，一个月前自其他幼儿园转来，语言、大动作和精细动作，以及自理能力等各方面发展较好。老师注意到萍萍当值日班长时有以下一些表现。

倒背双手，学着大人的样子在小朋友中间踱步。

走到正在和同桌说话的哲哲（一个比较调皮的小男孩）身旁，随手拿起桌上的绘本，在哲哲和同桌头上各打了一下，说："你们给我闭嘴！"

哲哲笑嘻嘻地冲萍萍做了个鬼脸，继续和同伴说话。萍萍将绘本卷起，打了哲哲两下，说："再说话把你嘴巴缝起来！"

哲哲夺过绘本，说："你管不着！"

萍萍听后，抢过绘本，用绘本在哲哲头上重重地打了七八下，边打边说："我是班长，就管着你！"

哲哲哭了起来。

萍萍把绘本扔在地上，左手揪住哲哲的耳朵，右手食指点着哲哲的前额说："哭什么哭，就知道哭，不守纪律的胆小鬼！"

哲哲哭得更厉害了，这时老师将萍萍拉开。

教师发现即使不值日的时候，萍萍在班里也经常以领导者自居，看到其他小朋友有做得不妥的地方就会站出来纠正，在这个过程中往往会用一些玩具、书本做工具攻击其他小朋友，如果遭到反抗和质疑，还会进行一些语言攻击。通过观察，教师还发现萍萍的言行明显有一些"少年老成"，好像在模仿什么人。经过与家长沟通，教师发现萍萍在原来的幼儿园由于各方面发展较好，被指定为班长，经常帮助教师管理班级纪律。通过对萍萍的耐心询问，教师知道她的言行主要是模仿以前的带班老师。

幼儿的社会模仿性强，分辨是非的能力差，所以成人不当的行为示范或者家长有打人、语言粗鲁等情况，经常看有打斗场面的动画片、绘本读物等都会引起幼儿的模仿，导致幼儿的攻击性行为。对于萍萍这种情况，教师要通过温和耐心的教导，告诉萍萍帮教师维持班级纪律是好的，但是要尊重和爱护其他小朋友，打人是不对的；教师要做出正确的示范，有小朋友调皮的时候，应该温和坚定地制止，充满包容与爱心，让萍萍逐渐意识到，把事情做好不需要暴力。几周以后，萍萍彻底改掉了打人的习惯，成功融入班级中。

案例 9-2

飞扬，男，5 岁，中班，之前偶尔会因争抢玩具推、打同伴，但次数少、程度轻，近两个月，打人次数明显增多，易怒，经常说不文明用语。

自由活动的时候，其他幼儿排队玩滑梯，飞扬直接过去推开排在最前头的琦琦，爬上滑梯滑了下去。当他再次来到滑梯旁时，轮到了洋洋，洋洋身材比较高大，对飞扬的插队早有防备，对他说："该我啦，你去排队！"

飞扬说了一句脏话，踢了洋洋一脚，然后说："一边儿去！"

洋洋也不甘示弱，推了飞扬一下，就飞快地往滑梯上爬。

洋洋刚上了三级台阶，飞扬一把揪住他的衣服，把他拽了下来，洋洋摔下来的时候，胳膊着地，大哭了起来。一名老师跑过来查看洋洋的情况（经送医院检查，洋洋被诊断为尺骨鹰嘴骨折），另一名老师严肃地批评飞扬："飞扬，你不排队，还打小朋友，这样不对！赶紧向洋洋道歉！"

"关你啥事儿！"飞扬挑衅地看着老师。

老师很生气，拉着飞扬的手，想让他到一边冷静一下。

飞扬甩开老师的手，老师试图再次抓住飞扬。这时飞扬跳了起来，小拳头直击老师的眼镜，因为害怕镜片被打碎后扎伤眼睛，老师赶紧向后躲。飞扬跳着追打老师，由于个子太矮，够不到老师的眼镜，最后放弃了。他转身爬到滑梯顶部，冷笑着看着院子里的老师和小朋友。

之后无论老师怎么规劝飞扬都不肯从滑梯上下来，直到飞扬爸爸闻讯来到幼儿园，爸爸大喊："你给我下来！一，二。"还没数到三，飞扬就迅速从滑梯上滑了下来，怯生生地看着爸爸，飞扬爸爸冲过去重重地踢了他一脚，飞扬被踢趴在地上，爸爸还要再踢，老师赶紧拦住。

很明显，飞扬爸爸就是习惯用暴力解决问题的人，为了更好地帮助飞扬，教师同时约谈了飞扬父母，了解到近几个月飞扬父母因感情不和经常发生争执，已经到了婚姻破裂的边缘，两人经常恶语相向，甚至动手；飞扬妈妈经常赌气独自回娘家，好几天对飞扬不管不问；飞扬爸爸和飞扬在家时，因为心情不好，对飞扬没有耐心，经常拿飞扬撒气，打骂飞扬。所以飞扬的攻击性行为既是缺乏安全感和爱的一种表现，也是对爸爸暴力现象的模仿。

教师向飞扬父母介绍了飞扬最近在园中的表现，分析了飞扬攻击性行为的成因和不及时纠正的严重后果，并提出如下建议。

（1）平心静气解决好两个人的情感问题，不要在飞扬面前发生争执。

（2）多给飞扬一些关心和陪伴，不能拿飞扬当砝码和出气对象。

（3）父母要改掉打人骂人的习惯，尤其当飞扬犯错误的时候，应耐心解释引导，不要打骂，以防幼儿继续模仿。飞扬父母意识到了自己的疏忽和错误，表示积极配合。

一个月以后，飞扬父母和平分手，但是他们有效陪伴飞扬的时间多了，方式、方法更加得当，加上幼儿园教师科学细致的引导，飞扬攻击性行为发生的频率逐渐降低且程度逐渐减轻。三个月后，飞扬基本改掉了攻击性行为，性格也开朗了很多，笑容又回到了他的脸上。

案例 9-3

下面是一组托班幼儿的观察记录，这些幼儿的年龄为2～3岁。

材料1：奶奶在家照顾刚满两岁的双胞胎孙子。突然，哥哥龙龙哭了起来，原因是弟弟腾腾咬了他的耳朵。奶奶刚想问明原因，弟弟却生气地跺着脚大叫："电视，电视。"原来是龙龙走来走去挡住了电视屏幕。

材料2：区域活动时果果在玩小汽车，虫虫走过来也想玩，说："我要玩。"果果没有搭理虫虫，虫虫就伸手把小汽车抢过去，这时果果张开嘴巴对着虫虫的小手咬了一口。

材料3：乐乐看见小朋友们在玩娃娃家，也想加入，可是大家都沉浸在游戏中，玩得正高兴，都没理她。乐乐不高兴了，抓住离他最近小朋友的胳膊咬了一口。

材料4：强强高兴地在草地上跑跳，欢欢走过来和他一起玩。他俩玩得正兴奋时，强强突然在欢欢的手背上咬了一口，然后迅速地跑开了。

材料5：芳芳，入园一个月，哭闹比较厉害，这天入园时，妈妈正准备像之前一样把芳芳硬塞给老师，芳芳突然搂住妈妈的脖子，在妈妈的脸上咬了一口。

幼儿在生理、心理等方面有其自身的年龄特点与发展规律。2～3岁的幼儿爱抓人、咬人、打人，这种行为的发生既有生理上的原因，也有心理上的原因。教师和家长遇到这种情况，要具体事情具体分析。

（1）本案例中，托班的幼儿正处在长乳牙的后期，此阶段的幼儿似乎特别爱咬东西，这是他们的生理需要。

（2）两岁多的幼儿已经有了一定的物权意识，开始"捍卫"自己的东西。

（3）此年龄段的幼儿语言表达能力较差，当他们不能表达清楚自己的感受的时候，或者遇到交往上的困难时，往往就会通过抓人、咬人、打人来发泄不满的情绪，引起别人的注意。

（4）2～3 岁的幼儿对成人的依赖仍然很强烈，让他们离开父母会使其产生分离焦虑，因而他们用咬人来表达自己的焦虑与不满。

（5）托班幼儿发生咬人事件后，教师不要过于担忧而去责怪幼儿，应该认识到幼儿咬人大多属于生理和心理发展上的阶段性问题，还不属于攻击性行为。教师要耐心对待每一个幼儿，帮助幼儿分析原因，然后针对具体原因进行认真的教育，以免幼儿向不良的行为习惯转化。

三、幼儿攻击性行为的成因及对策

（一）攻击性行为的成因

研究表明，幼儿 1 岁左右就开始出现工具性攻击性行为，2 岁左右会采取一些身体上的攻击性行为，如推人、踢人、咬人等，幼儿攻击性行为的数量会逐渐增多，在 4 岁的时候最多，之后会逐渐减少，但敌意性的攻击性行为会略有增加。

幼儿攻击性行为的成因主要包含以下几方面的内容。

1. 生物因素

研究显示，部分幼儿之所以出现频繁的攻击性行为，与其大脑两半球的协同功能较差有关。有些攻击性强的幼儿存在某些基因缺陷。

另外，3～6 岁的幼儿大脑皮层的神经细胞容易兴奋，在刺激下会产生不合常规的想象，加之控制能力较差，他们常常会不假思索就行动。

2. 家庭因素

大多数幼儿的攻击性行为都是学习和模仿的结果，有些家长惯于用暴力惩罚的方式来教育幼儿，结果幼儿也以同样的方式来对待其他幼儿，表现出攻击性行为。

另外，家长对幼儿娇宠放纵，教育幼儿时缺乏严肃科学的态度，这也是滋生攻击性行为的温床。

3. 环境因素

美国心理学家班杜拉通过一系列实验证明，攻击是观察学习的结果，幼儿模仿性强，是非辨别能力差，因此很容易模仿其周围的人或者影视镜头里人物的攻击性行为。经常看暴力影片、玩暴力游戏的幼儿容易出现攻击性行为。

另外，如果一个幼儿在偶尔几次的攻击性行为后得到"便宜"和利益（如玩具、位置、特权等），其产生攻击性行为的欲望便会有所增强，若再受到其他幼儿的赞许，其攻击性行为就会日益加重。

（二）幼儿攻击性行为的对策

攻击是宣泄紧张和不满情绪的消极方式，对幼儿的发展极其有害，家长和教师必须加以纠正。

1. 创造良好的家庭环境

研究表明，生活在一个有良好的气氛、充裕的玩耍时间，玩伴和玩具丰富的家庭环境中，幼儿较少发生攻击性行为。家长应为幼儿提供足够的玩耍时间和适宜的玩具，不让幼儿观看不良电影、电视剧，不让幼儿玩有攻击性形象的玩具，不在幼儿面前讲具有攻击性的语言。

2. 养成文明的行为习惯

教会幼儿友善待人。当幼儿出现攻击性行为时，家长和教师要及时正确处理，使幼儿认识到哪些行为是错误的，怎样做才对，从而养成文明的行为习惯。

3. 引导幼儿合理宣泄情绪

烦恼、挫折、愤怒是容易引起幼儿产生攻击性行为的情绪因素，家长和教师要引导幼儿通过合理的途径宣泄自己的消极情绪。

4. 培养幼儿丰富的情感

家长可以通过让幼儿饲养小动物来培养幼儿的怜爱之心，这种鼓励亲善行为的方法是纠正幼儿攻击性行为的行之有效的途径之一。

5. 对幼儿的攻击性行为"冷处理"

冷处理就是在一段时间里不予理睬，用这种方法来惩罚幼儿的攻击性行为，也可以让他平静、冷静下来，如把一个幼儿关在房间里，让他思过、反省。这种方法的好处在于不会向幼儿提供呵斥打骂的攻击对象。但是需要注意，冷处理不是冷暴力，如果把这种方法与鼓励亲善行为的方法配合使用，效果会更好。

6. 引导幼儿进行移情换位

家长应从小培养幼儿的移情能力，告诉幼儿攻击性行为会给他人带来哪些痛苦，导致哪些严重后果，并让幼儿换位思考：如果你被打了，那么你的感觉和心情是什么样的呢？让幼儿从本质上消除攻击性行为。

7. 善用"转移注意"法

幼儿遇到挫折产生不满和愤怒时，家长和教师多用一些有趣的事情来转移幼儿的注意力，这样可以培养幼儿兴趣，陶冶幼儿性情，以达到根治攻击性行为的目的。例如，可以消耗幼儿能量，在幼儿紧张或者怒气冲冲时，可以带他去跑步、打球或进行棋类活动。要培养艺术兴趣，绘画、听音乐是陶冶性情的行之有效的途径，经常引导幼儿从事这类活动，有助于他们恢复心理平衡，逐渐消除攻击性行为。

8. 家长和教师以身作则做孩子的表率

家长和教师必须注意自身修养，不要因为某些事情不顺心而在幼儿面前毫无顾忌地攻击他人。夫妻之间要避免在幼儿面前争吵打骂，为幼儿树立良好的榜样。

（三）攻击性行为预防

（1）很多模仿习得的攻击性行为是因为幼儿"误读"了一些信息，因此应该引起所有家长的注意。例如，当家长在与幼儿玩耍时，被幼儿不小心打到脸，不加以制止反而发出快乐的声音。家长错误地引导和强化这个动作，会造成幼儿喜欢打人，使其认为被打是一件快乐的事情。

（2）家长如果很少陪幼儿玩耍和沟通，幼儿内心孤独，缺乏安全感，可能会以打斗来宣泄。家长应为幼儿营造温馨的家庭氛围，提供高质量的陪伴。

（3）幼儿犯错时，家长不要用打骂等错误的教育方式教育幼儿，以免提供攻击性行为的模仿原型。

（4）让幼儿学会使用语言表达。当幼儿想告诉家长自己生气和不安时，他可以说："我不要。"如果他不能把自己的意见表达清楚，可以向家长或教师求助。发展幼儿的语言表达能力，让幼儿学会恰当地表达情感，提出要求，可以尽可能减少攻击性行为。

（5）培养幼儿的爱心，如让幼儿养小动物、照顾小动物；和娃娃玩耍，哄娃娃睡觉，给娃娃洗澡、盖被子等。

（6）经常带幼儿与其他小朋友一起玩，让幼儿学会与他人交往，学习分享和合作游戏，团结协作。

第二节　幼儿说谎行为的观察分析与指导

一、幼儿说谎行为的定义及危害

说谎行为是一种语言行为，旨在通过以言表意的行为达到以言行事和以言取效的结果。幼儿说谎行为是指幼儿在没有事实依据时有意说假话的行为。

幼儿说谎的危害体现在以下几个方面。

（1）说谎是讲假话、空话，不但不能解决任何问题，还会妨碍解决问题。

（2）经常说谎会滋长幼儿的虚伪性，使幼儿养成不诚实的品德。

（3）说谎会影响幼儿的人际关系，容易造成幼儿与父母、教师、同伴和他人产生误解和隔阂。

（4）经常说谎的幼儿无法让人信任，即使有时说的是真话，也没有人敢轻易相信了。

（5）经常说谎的幼儿会形成一种说谎的习惯，难以将其改掉。

二、幼儿说谎行为案例分析

日常生活中经常会遇到幼儿说谎行为，一般来说，家长和教师对于幼儿说谎行为是非常重视的，当他们了解事情的真相后，他们会对幼儿说谎行为感到愤怒，并对幼儿进行严厉的惩罚，但效果往往并不理想。有的家长和教师还会因此质疑幼儿的品德。其实，我们应该仔细观察幼儿，引导他们说出内心的想法和期望，只有清楚幼儿说谎的具体原因，才能针对问题的关键，解决问题。

🔍 案例 9-4

可可，男，4 岁。吃间餐时，可可因为和旁边的力力打闹把牛奶碰洒了，桌上、地上一片狼藉。

一名年轻老师看到了，生气地问："谁把牛奶弄洒的？一星期不准玩滑梯！"

可可怯生生地看了一眼老师，低下头没有说话。

"到底是谁弄的？"老师提高了声音。

"不是我。"可可小声地说。

老师见可可说谎,更生气了,说:"到底是谁洒的牛奶,再没有人承认就都别玩滑梯了!"

可可赶紧抬起头来说:"老师,我看见是力力弄洒的,她不守纪律!"

"老师,不是我……"力力大哭了起来。

这时主班老师走了过来,让年轻老师先去安抚力力,她拉着可可的手温和地说:"可可,谁都会犯错误,犯了错误,承认并改正就是好孩子。说谎可不是好孩子啊!"

"老师,牛奶是我不小心碰洒的。"可可抱住主班老师哇的一声哭了出来,"可是我还想玩滑梯!"

主班老师摸着可可的头说:"你能承认自己的错误,很勇敢,是个诚实的好孩子!但是你刚才说谎是不对的,为了惩罚你,一会儿玩滑梯的时候要排在最后一个。"

这时可可明显松了一口气,说:"老师,我知道了,我以后不说谎啦。"

主班老师说:"但是你弄洒了牛奶,还是要把它收拾干净。走,我们去拿工具!然后咱们再看看怎么才能保护牛奶不让它洒掉呢?"

幼儿犯了错,年轻老师的态度比较严厉,还采取了威吓的手段,可可害怕惩罚和责备,因为一星期不能玩滑梯对于可可而言是非常严厉且让人痛苦的惩罚,所以他采取了说谎来逃避责罚。

显然,年轻老师的做法欠妥。与之相反,主班老师的做法在处理类似情况时非常值得借鉴。

(1)对幼儿采取温和平静的态度,通过肢体接触给幼儿安全感,不严厉训斥,不恐吓,并且创造相对宽松的气氛让幼儿说出事情真相。

(2)虽然态度温和,但是对说谎行为是坚定反对的,而且对说谎行为要有适度的惩罚,这样可以让幼儿建立明确的是非观。

(3)带领幼儿收拾打翻的牛奶,可以让幼儿认识到犯错的后果;与幼儿讨论防止牛奶再次洒掉的方法,防止类似错误再次发生。

案例 9-5

琳琳,女,三岁半,琳琳和云云、桐桐在玩过家家。云云找来矿泉水瓶,拴上绳子牵着当遛小狗,桐桐找来一只板凳,骑上去当小马骑,琳琳费力地拖来一个很大的纸箱(装洗衣机的纸箱),说:"这是我的小猫。"

云云说:"哪有那么大的小猫?"

琳琳说:"我家就有。"

桐桐说:"你的小猫要比小马小。"

琳琳抚摸着纸箱说:"有的小猫比小马大,这只和我家的一样大。"

云云和桐桐听后都不相信。

云云说:"你吹牛!"

桐桐说:"说谎不是好孩子,我们不和你玩儿了!"

> "我没有说谎，有的小猫就是很大，比房子还大……"琳琳的脸涨得通红，大哭起来。
>
> 老师走过来安抚琳琳："琳琳，我知道你很委屈，先别着急，你能告诉老师，你在哪看到的比房子还大的小猫，好吗？"
>
> 琳琳委屈地说："老师，我没有说谎。我家的小猫和书上的小猫都比房子大。"
>
> 她急切地拉着老师的手来到放绘本的地方，从中找出一本翻到其中一页，说："看，这里边的小猫比房子大多了。"
>
> 原来，绘本上画的小猫比较近，房子非常遥远，小猫看上去要比房子大很多。

本案例中，琳琳被同伴认为是在说谎，其实这是她的认知能力差造成的。2～3 岁的幼儿见闻逐渐广泛，感情丰富，语言能力逐渐发展，但由于生活经验少，缺乏知识，再加上记忆不准确，对一些事物分辨不清，所以会出现与现实不符的想法和言论。另外，此阶段的幼儿想象力也异常丰富，想象往往容易受情感、愿望支配，因而想象易与现实混淆。此时的"说谎"行为只是把心中的愿望和想象表达出来。幼儿的这种"说谎"行为与幼儿的品行无关，虽然很多家长和教师对此只会一笑而过，但是这种情况还是应当给予充分重视。本案例中，琳琳就因此受到了同伴的孤立，如果不及时处理，就会引起其他方面的问题。教师和家长应耐心解释，增强幼儿的认知能力，帮助幼儿区分现实与想象。

案例 9-6

> 4 岁的真真是一个聪明活泼的小姑娘，但是她有一个很大的缺点，家长、老师、小朋友都知道：爱说谎。
>
> 别的小朋友说谎，好像都有原因，真真好像每时每刻都在说谎。
>
> 她把椅子碰倒了，你问她是谁碰的，她一定不会承认。
>
> 你问她吃过饭没有？明明吃过了，她会说没吃。
>
> 你问她是谁送她来幼儿园的？明明是妈妈送来的，她却说是奶奶送来的。
>
> 她有些时候说谎，是因为要逃避责任，但更多的时候，大家都不知道她为什么要说谎，她的说谎行为严重地影响了她与老师、家长、小朋友的交流。家长和老师觉得她很调皮，有的小朋友甚至说她是一个爱说谎的坏孩子，不喜欢和她玩。
>
> 直到有一次，我去她家开的小超市买东西，才找到了原因。
>
> 我发现超市里人来人往，他们和真真都很熟络。
>
> 这时，一个中年人笑着对真真说："真真，我好渴呀，送给我一个西瓜吧。"
>
> 真真瞥一眼放西瓜的货架，笑着摇摇头说："我家超市里没有西瓜，你到别处看看吧！"
>
> 那人指着货架上的西瓜，笑着说："那是什么？"
>
> 真真也笑着说："这些西瓜没熟，不好吃！"
>
> 这时小超市的人都围过来笑着看他俩说话。
>
> 真真到货架旁，敲敲西瓜，很严肃地对那个人说："不信你看，西瓜不熟！"
>
> 这时候周围的人都哈哈大笑起来。

> 看到这种情况，我大概明白了真真说谎的原因。通过和真真妈妈进一步交谈，我了解到来小超市的邻居和亲戚很多，真真在商店里待的时间也比较多，大家见到真真都很喜爱她，愿意逗逗她。刚开始，大家假装跟她要东西，如要苹果或者零食，她会很热情地给大人拿来，塞在别人手里。这时候周围的人就会哈哈大笑，然后把东西还回来，真真也和大家一起大笑。后来，真真就学会了和大人开玩笑，并且乐此不疲，家长觉得无伤大雅，没有太在意。

在这个案例中，真真很明显是通过观察模仿大人的行为才逐渐喜欢上说谎的。最初，周围的人跟真真开玩笑，她很认真地回应（如送给别人东西吃）；当逐渐发现大人不是真的跟她要东西时，她也就逐渐发现了大人是在说假话，于是开始模仿大人说谎；而她说谎时憨态可掬的样子，让周围人非常开心，这种愉快的反应，又鼓励了真真继续说谎。久而久之，她甚至把说谎当成一种游戏，而且说谎已经成为她的习惯。

针对真真这种情况，教师采取了如下指导措施。

（1）尽量让真真远离小超市的环境。

（2）告诉亲戚和邻居不要再和真真开类似的玩笑。

（3）通过讲述寓言、故事，告诉真真说谎的后果。

（4）当真真周围的小朋友说真话的时候，教师提出表扬，做出正确的引导。

（5）真真偶尔说真话的时候，家长和教师一定要及时表扬，强化其正向行为。

3个月后，真真逐渐改掉了说谎的习惯，朋友也多了起来。

三、幼儿说谎行为的成因及对策

（一）幼儿说谎行为的成因

1. 逃避责骂或惩罚

幼儿做错了事，害怕教师和家长责怪，就会出现说谎的行为，特别是家长性格暴躁或平时管教比较严厉的情况下，幼儿害怕被大人打骂，就会采取说谎的方式来消除恐惧的情绪。

2. 实现某种愿望

幼儿为得到某个玩具或者想得到家长和教师的认可，就会采取说谎的方式来实现这个愿望。例如，家里的玩具是奶奶收拾的，幼儿为了得到妈妈的表扬，会告诉妈妈是自己收拾的。

3. 分不清现实与想象

幼儿的心智发育还不够成熟，他们对于真实和虚假的界限还分不清楚，脑子里会出现各种丰富的想象，有时候会夸大其词来满足自己的虚荣心，具有自我陶醉的特点。

4. 模仿行为

成人有时候会当着幼儿的面说假话，幼儿天生喜欢模仿，久而久之就学会说谎。

（二）幼儿说谎行为的对策

（1）不给幼儿说谎的机会。如果已经确定幼儿做错了某事，就要避免问已经知道答案的问题。例如在案例9-4中，不要问"牛奶是谁打翻的？""牛奶是你打翻的吗？"不给幼儿说谎的机会，而是应该直接告诉幼儿，打翻牛奶后应该如何处理，如何避免再次打翻牛奶。

（2）允许幼儿犯错，处罚要得当。营造一种宽容的气氛，幼儿做错事，要做调查研究，并鼓励幼儿改正错误。不要过于严厉地惩罚幼儿，否则会让幼儿说更多的谎。如果幼儿只是出于不小心、好奇或顽皮而无意间做了错事，家长和教师应该耐心进行指导教育；如果幼儿故意犯错误和说谎，则要适当加重处罚，并告诉他，加重处罚的原因是他在第一个错误没改正的情况下，又犯了更严重的错误——说谎。

（3）避免贴标签。不要轻易给幼儿贴上爱说谎、品德不好的标签，这会让他认为自己就是个习惯说谎的人，会导致他一直说下去。应该让幼儿明白说谎是不对的，说谎会受到更严厉的责罚，经常说谎会成为不被信任和不受欢迎的幼儿，让幼儿明白说谎的不良后果。

（4）给予幼儿正面的引导。教育幼儿，诚实是一种美德，表扬说真话的行为，家长和教师可以在幼儿面前表扬其他幼儿说真话的行为，让幼儿知道只有说真话才会受到夸赞与认可。当说过谎的幼儿说真话时，一定要及时表扬他，如"我很高兴你能说真话""你真是一个诚实勇敢的男子汉！"。

（5）成人要做好榜样。幼儿的模仿能力很强，家长和教师要当好榜样，不弄虚作假，要诚实，避免说谎话和找借口。即使是关于疾病、死亡、离异等悲伤的事情，也最好做到不要隐瞒、欺骗幼儿。

（6）平时多关心幼儿的生活，对幼儿的要求要切合实际情况。

（7）帮助幼儿增强认识能力，让幼儿能区分真实和想象。

第三节　幼儿社交退缩行为的观察分析与指导

一、幼儿社交退缩行为的定义及危害

幼儿社交退缩行为是指幼儿平时表现正常，一旦处于社交情境或集体生活中就会出现异常反应，表现出胆怯和退缩，缺乏主动精神，不喜欢与同伴交往，害怕陌生的环境，沉默寡言，性格孤僻、胆怯，常常游离于群体之外。有些幼儿在自己熟悉的环境中，与熟悉的人在一起则没有此种表现。

幼儿社交退缩行为直接影响幼儿的生活和心理健康，主要体现在以下两个方面。

一是有社交退缩行为的幼儿很难适应新环境。例如，由于幼儿难以应付各种人际交往，往往变得自卑和胆怯，一些幼儿甚至不愿去幼儿园，不敢去上学。

二是社交退缩行为会给幼儿带来一些心理问题、行为问题和其他问题。例如，社会胜任力（如行为技能、社会认知技能）较差、社会关系（如友谊、师幼关系）不良、社会适应能力不良。幼儿的社交性退缩行为，如不注意防治，有可能延续至成年，影响其社交、职业选择、子女教育及社会适应等。

通常情况下，无论是在学校还是在家里，教师常常给予那些具有外向攻击性行为的幼儿较多的关注，对他们表现出来的破坏纪律、打人骂人、损毁公物、欺侮弱小等行为加以批评

和纠正。然而，对于那些表现胆小、羞怯、懦弱自卑、不合群的幼儿则关注较少，因为他们对别人影响不大，因而容易被教师忽视。

二、幼儿社交退缩行为案例分析

案例 9-7

　　小雨，女，5 岁，从其他幼儿园转来 2 个月。小雨平时沉默寡言，上课时从不敢举手发言，被老师提问时会脸红、出汗，回答问题时的声音非常小，即使老师非常和蔼，她也紧张得说不出话来，涨红脸默默流泪，老师越是鼓励，小雨越是如此。在幼儿园，小雨除了偶尔和自己邻居家的文文说说话，从不主动和其他小朋友玩耍，别的小朋友请她一起玩游戏，她也会红着脸不出声。因此，小雨逐渐被小朋友"遗忘"。

　　老师向小雨妈妈了解情况，妈妈说小雨在家表现很正常，只是从小一见陌生人就很害羞，躲在一旁，不敢说话。老师追问有没有发生过什么情况加重小雨的害羞。妈妈回忆起：小雨在原来的幼儿园上小班的时候，一次老师提问，小雨答错了，结果全班小朋友哄堂大笑，老师也忍不住笑了，小雨从那节课一直哭到离园，在这期间老师安慰、讲道理直至失去耐心而训斥。妈妈接到小雨后，只随便安慰了几句，又给她买了一个新玩具就没再管了。现在妈妈回忆起来，好像就是从那以后小雨变得更加害羞，更加害怕陌生人，拒绝与不熟悉的人交谈。

　　此外，由于爸爸经常出差，妈妈工作也比较繁忙，小雨从 3 岁起就一直和年迈的爷爷奶奶生活在一起，由于居住楼层较高，小雨很少有机会下楼和小朋友玩耍。

　　小雨本身比较胆怯、害羞，加之从小和爷爷奶奶在一起的时间比较多，年迈的老人精力有限，没有给小雨提供和同龄幼儿在一起玩耍的机会，导致其社会性发展较差；入园后小雨又有被人当众嘲笑的挫折经历，由于教师处理不当，家长没有给予足够的重视，也没有及时进行心理疏导，致使其产生了社交退缩行为。这严重影响了小雨的发展。

　　针对小雨这种情况，教师采取了如下措施。

　　（1）让父母多抽时间陪伴小雨，多和她讲一些她喜欢的话题。

　　（2）多给小雨提供与他人，尤其是同龄小伙伴相处的机会，在与他人的相处中不逼迫小雨主动讲话，但是如果她对别人的话有所回应，应及时表扬，树立她与别人交往的信心。

　　（3）教师在幼儿园多给小雨提供表现的机会，如小雨画的画非常好，教师就举办了好几次画展，把小雨的作品挂在显眼的地方，小朋友们纷纷夸赞，用成功的经历增强小雨的自信心。

　　（4）不强迫小雨回答问题。当教师提问的时候，教师会让不会的小朋友举手，小雨当然不会主动举手，教师就会笑着说："这么多小朋友都会啦，小雨也会了！"

　　（5）设计合理的集体游戏。

　　（6）整个过程要循序渐进，不能急于求成，给小雨宽松的环境，逐渐改善其社交退缩行为。

　　小雨的社交退缩行为逐渐改善，半年之后，虽然小雨还是略显羞涩，但是上课时对于教师的提问可以比较小声、清楚地回答，基本不会脸红；当她上比较喜欢的美术课时，甚至偶尔会举手回答问题；可以和园中的小朋友比较自如地一起游戏；遇到陌生人，虽然不会主动问好，但是也不会躲到妈妈身后，对于陌生人的问话可以简单回应。

三、幼儿社交退缩行为的成因及对策

（一）幼儿社交退缩行为的成因

社交退缩行为的成因非常复杂，既有遗传方面的因素，也有心理、社会等方面的后天因素，但后天因素是主要的。

1. 气质性因素

这类幼儿生性腼腆、胆小、好独处，性格比较内向、拘谨，不爱活动，不愿接触他人，家长又经常阻止幼儿交友和外出，导致其产生社交退缩行为。

2. 生活环境或家教不当

幼儿居住环境周围缺乏同龄伙伴和交往对象，父母早逝或离异，都会使其产生孤独感。家长对子女过于溺爱、过分照顾和迁就，会导致幼儿习惯于在自己的小圈子内生活，当进入新的环境时会不由自主地产生社交退缩行为。另外，父母的过度惩罚，过多的负面评价、偏见，喜欢将其他幼儿的优点与自己孩子的缺点相比，都是造成幼儿社交退缩行为的原因。

3. 挫折经历

由于过去在人际交往、日常生活中经历过不愉快的体验，如被人呵斥、嘲笑、拒绝等，家长和教师没有及时发现问题并进行疏导，容易让幼儿产生自卑心理，进而出现社交退缩行为。

4. 父母的影响

父母本身就沉默和害羞，并且不善与人交往的，子女不能从父母身上学到正确有效的应对方式。

（二）社交退缩行为的对策

1. 创设开放式的家庭环境

社交退缩行为会给幼儿带来一些心理问题，使幼儿难以应付各种人际交往而变得自卑和胆怯。家长要为这类幼儿创造一个开放式的家庭环境。如果家长能在幼儿社会交往心理处于萌芽阶段时，不失时机地为幼儿提供各种各样的社会生活和人际交往体验，就可以预防幼儿出现社交退缩行为。倘若幼儿对社交已有了畏惧情绪，家长要鼓励幼儿勇敢地走出去，与同伴交往，而不是迁就他，让幼儿独自待在家里。

2. 及早参与集体生活

幼儿很早就有交往的愿望，这也预示着他们交往心理已经萌芽。他们强烈希望与同龄人沟通交流，仅和成人特别是只与父母交往已经不能满足他们交往的需要了。此时，要让幼儿尽早参与集体生活。如果能及时将幼儿送入幼儿园，在集体生活中满足他们交往的需要，可以使幼儿的交际能力获得良好的发展。

3. 增加对幼儿消除社交退缩行为的指导

帮助幼儿树立自尊心和自信心。家长和教师要对害羞和社交退缩的幼儿付出爱心，从心理上接纳他们，使幼儿体会到怎样才是被尊重和尊重他人，从中学会自我肯定。幼儿如能自尊自信，在交往时就能做到自然大方，不会放弃自己的合理主张而去迎合别人。教师要特别注意和具有社交退缩行为的幼儿建立起良好的关系，重视师生双向沟通，让其多发表意见，多参与集体活动。

　　具有社交退缩行为的幼儿往往缺乏社交技能。教师在社交指导时要特别注意帮助他们，把幼儿防卫式的交往态度转变为开朗、接纳而进取的交往态度，让其练习微笑、眼神接触、舒适的站坐姿势等。

课后练习

　　1. 简述幼儿攻击性行为、说谎行为、社交退缩行为的定义、危害及表现。

　　2. 简述幼儿攻击性行为的成因及对策。

　　3. 简述幼儿说谎行为的成因及对策。

　　4. 简述幼儿社交退缩行为的成因及对策。

实训任务

　　1. 两人一组，请轮流扮演案例 9-2 中飞扬的老师和父母，就飞扬的情况进行交流。

　　2. 两人一组，请轮流扮演案例 9-5 中的老师和幼儿（琳琳、云云、桐桐），就此情况进行交流。